JN092614

無線従事者養成課程用
標　準　教　科　書

第二級陸上特殊無線技士

無　線　工　学

一般財団法人　情報通信振興会　発　行

は　じ　め　に

本書は、電波法第41条第２項第２号に基づく無線従事者規則第21条第１項第10号の規定により標準教科書として告示された無線従事者の養成課程用教科書です。

本書は、第二級陸上特殊無線技士用無線工学の教科書であって、総務省が定める無線従事者養成課程の実施要領（平成５年郵政省告示第553号、最終改正令和５年３月22日）に基づく内容（項目と程度）により編集したものです。

目　次

第9章　レーダー

第10章　空中線系

第11章　電波伝搬

第13章　電源

第14章　測定

第1章　電波の性質

1.1　電波の発生

アンテナに高周波電流（周波数が非常に高い電流）を流すと電波が空間に放射される。電波は波動であり電磁波とも呼ばれ、第1.1図に示すように互いに直交する電界成分と磁界成分から成り、アンテナから放射されると光と同じ速度で空間を伝わる。この放射された電波は、非常に複雑な伝わり方をし減衰する。

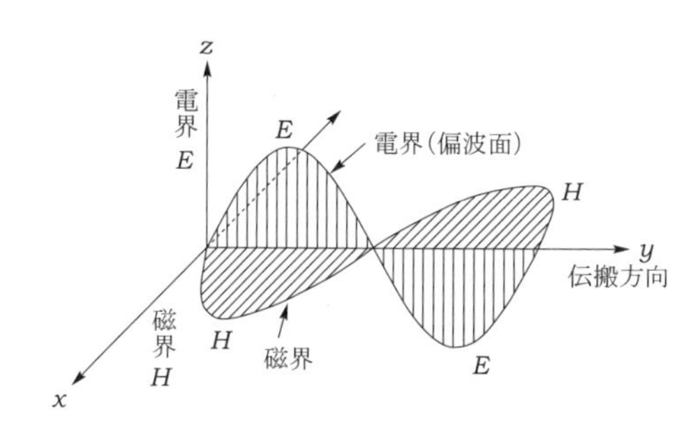

第1.1図　電波（電磁波）

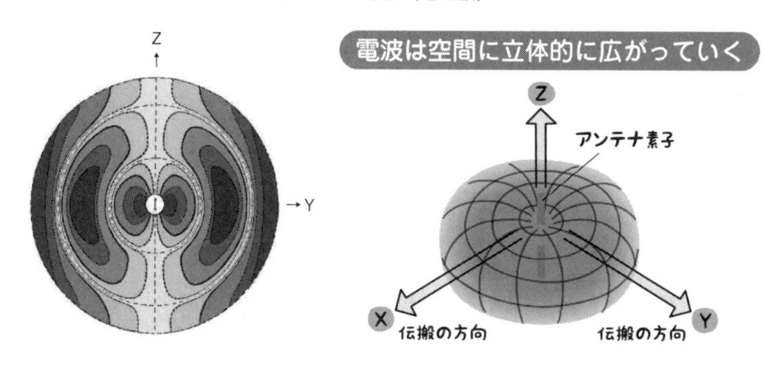

第1.2図　電波が空間に伝わる様子
（出典）身近な電波の科学　一般社団法人電波産業会

メ モ

1.2 基本性質

電波を情報伝達手段として利用するのが無線通信や放送であり、電波には次に示す基本的な性質がある。

(1) 電波は波であり、発射点より広がって伝わり、徐々に減衰する。

(2) 電波は電磁波とも呼ばれ、電界と磁界成分を持っている。

(3) 電波が空間を伝わる速度は、30万〔km/s〕（3×10^8〔m/s〕）で、光と同じである。なお、光も電磁波である。

(4) 電波には、直進、減衰、反射、屈折、回折、散乱、透過などの基本的な作用があり、それらの程度は周波数（1秒間の振動数）や伝搬環境（市街地、郊外、海上、上空など）によって異なる。

1.3 電波の偏波

電波の電界の方向を偏波と呼び大地に対して水平なものが水平偏波、垂直なものが垂直偏波である。水平偏波と垂直偏波は、直交関係にあり相互に干渉しない。また、偏波面が回転するのが円偏波であり、進行方向に対して右回転を右旋円偏波、左回転を左旋円偏波と呼び、直交関係にあり相互に干渉しない。

1.4 波長と周波数

第1.3図に示すように電波を正弦波形で表したとき、その山と山または谷と谷の間の長さを波長と呼び、1秒間の波の数（振動数）を周波数という。

周波数の単位はヘルツ（単位記号〔Hz〕）であり、補助単位として〔kHz〕、〔MHz〕、〔GHz〕、〔THz〕を用いる。

1000〔Hz〕$=10^3$〔Hz〕$=1$〔kHz〕キロヘルツ

1000〔kHz〕$=10^3$〔kHz〕$=1$〔MHz〕メガヘルツ

例えば、電波が10〔μs〕の間に伝搬する距離d〔m〕は、光の速度が3×10^8〔m/s〕であるから$d=3\times10^8$〔m/s〕$\times10$〔μs〕$=3\times10^8$〔m/s〕$\times10\times10^{-6}$〔s〕$=3\times10^3$〔m〕$=3$〔km〕である。

1000〔MHz〕$=10^3$〔MHz〕= 1〔GHz〕ギガヘルツ

1000〔GHz〕$=10^3$〔GHz〕= 1〔THz〕テラヘルツ

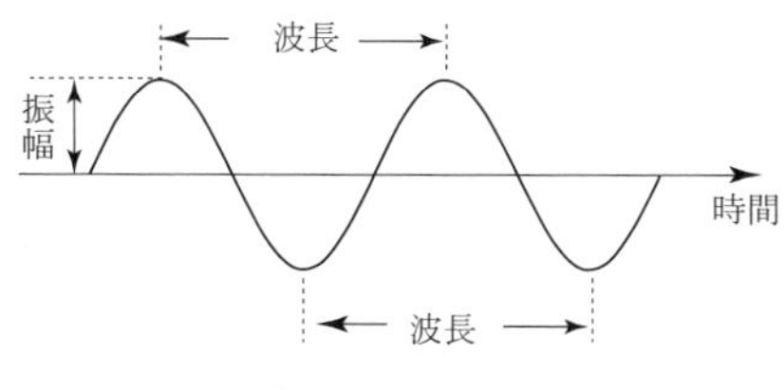

第1.3図　波長

電波の速度をc〔m/s〕、周波数をf〔Hz〕、波長をλ〔m〕（ギリシャ文字のラムダ）とすれば、波長λ〔m〕は

$$\lambda\,〔\mathrm{m}〕=\frac{電波の速度}{周波数}=\frac{c\,〔\mathrm{m/s}〕}{f\,〔\mathrm{Hz}〕}=\frac{3\times10^8\,〔\mathrm{m/s}〕}{f\,〔\mathrm{Hz}〕}$$

ここで、防災行政無線の「市町村デジタル同報通信システム」で用いられている60〔MHz〕の波長を求める。

はじめに、周波数の単位を〔MHz〕から〔Hz〕に変える。

60〔MHz〕$=60\times10^6$〔Hz〕

よって波長λは、

$$\lambda=\frac{3\times10^8}{60\times10^6}=\frac{3\times10^2}{60}=5\,〔\mathrm{m}〕$$

として求められる。

さらに、波長と周波数の関係を確認するため、地上デジタルテレビ放送で用いられている600〔MHz〕の波長を求める。

600〔MHz〕$=600\times10^6$〔Hz〕

よって波長λは、

$$\lambda=\frac{3\times10^8}{600\times10^6}=\frac{3\times10^2}{600}=0.5\,〔\mathrm{m}〕$$

として求められる。

これによって、周波数が高くなると波長が短くなることが分かる（周波数と波長は反比例の関係）。なお、波長はアンテナの長さ（大きさ）を決める重要な要素の一つである。

1.5　電波の分類と利用状況

電波は、波長または周波数で区分されることが多い。この区分と電波の利用状況の一例を第1.1表に示す。

第1.1表　電波の分類（周波数帯別の代表的な用途）

周波数	波長	名称	各周波数帯の代表的な用途
3〔kHz〕	100〔km〕	VLF 超長波	
30〔kHz〕	10〔km〕	LF 長波	船舶・航空機用ビーコン 標準電波
300〔kHz〕	1〔km〕	MF 中波	中波放送（AMラジオ）
3,000〔kHz〕 3〔MHz〕	100〔m〕	HF 短波	船舶・航空機の通信 アマチュア無線　短波放送
30〔MHz〕	10〔m〕	VHF 超短波	FM放送 防災無線　消防無線　列車無線 航空管制通信 各種陸上・海上移動通信
300〔MHz〕	1〔m〕	UHF 極超短波	テレビジョン放送　アマチュア無線 レーダー　携帯電話 各種陸上移動通信　無線LAN MCAシステム　電子タグ
3,000〔MHz〕 3〔GHz〕	10〔cm〕	SHF マイクロ波	固定間通信 レーダー　衛星放送 衛星通信　放送番組中継 ETC　無線LAN（Wi-Fi）
30〔GHz〕	1〔cm〕	EHF ミリメートル波 （ミリ波）	衛星通信 各種レーダー 簡易無線 電波天文
300〔GHz〕	1〔mm〕	サブミリ波	電波天文
3,000〔GHz〕 3〔THz〕	0.1〔mm〕		

第2章　電気磁気

2.1　静電気

2.1.1　静電誘導と静電遮へい

第2.1図に示すようにガラス棒と絹布とを摩擦すると、ガラス棒及び絹布に電気が生じる。このような場合、ガラス棒及び絹布は帯電したといい、ガラス棒には正（プラス）、絹布には負（マイナス）の電荷が帯電する。ガラス棒などの物質がもっている電気の量を電荷といい、単位は、クーロン（単位記号C）で表す。摩擦などによって生じる電気を静電気と呼ぶ。

第2.2図に示すように、絶縁された電気的に中性の導体棒Aに正の電荷をもったガラス棒Bを近付けると、A導体の中の自由電子はBの正の電荷に引き寄せられ導体棒Aには、ガラス棒Bに近い方に負の電荷が、遠い方には正の電荷が現れる。この現象を静電誘導という。A導体に電荷を与えたわけではないから、ガラス棒Bを遠ざければ、導体棒Aに現れた正と負の電荷は引き合って中和する。

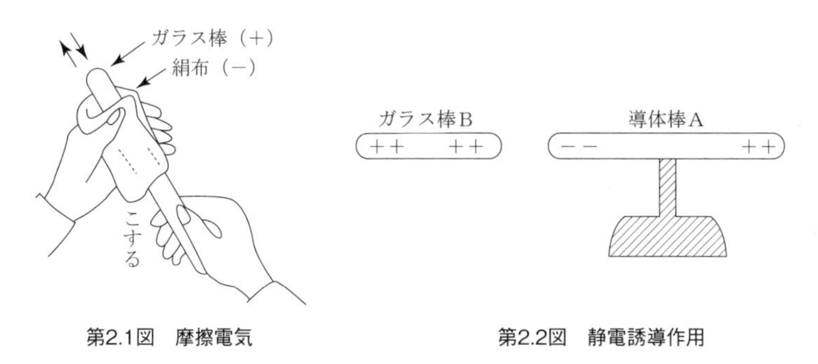

第2.1図　摩擦電気　　第2.2図　静電誘導作用

また、第2.3図に示すように、正の電荷をもった導体球Aを中空導体Bで包むと中空導体Bの内面には負、外面には正の電荷が現れる。中空導体Bを接地すると正の電荷は大地に移り、外面の電荷はなくなる。そこに帯電して

メ モ

いない導体球Cを近付けても静電誘導作用は生じない。このように、２個の導体の間に接地した導体を置き、静電誘導作用を起こさないようにすることを静電遮へい（静電シールド（static shield））という。

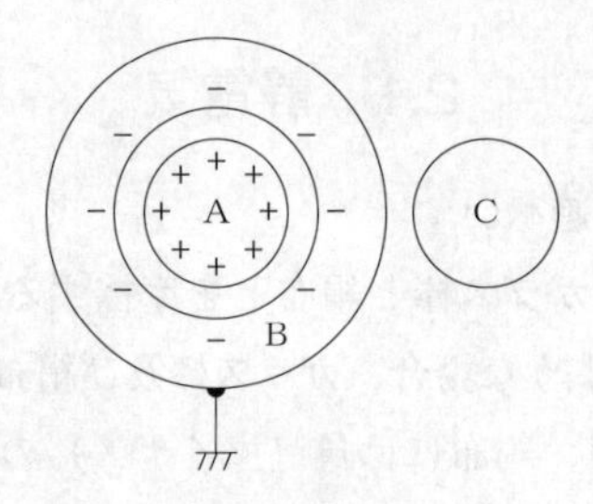

第2.3図　静電遮へい

2.1.2　静電気に関するクーロンの法則

電荷の大きさが電荷間の距離に比べて無視できるほど小さい電荷を点電荷といい、第2.4図に示すように静止している二つの点電荷をQ_1〔C〕、Q_2〔C〕、両点電荷間の距離をr〔m〕とすれば、点電荷間に働く力（静電力）Fはクーロン力で単位は〔N〕（ニュートン）、その大きさは両電荷の積に比例し、電荷間の距離の２乗に反比例する。比例定数をkとすると、

$$F = k\frac{Q_1 Q_2}{r^2} \text{〔N〕}$$

これを静電気に関するクーロンの法則という。Q_1とQ_2とが同種の電荷であれば反発力、異種の電荷であれば吸引力となる。

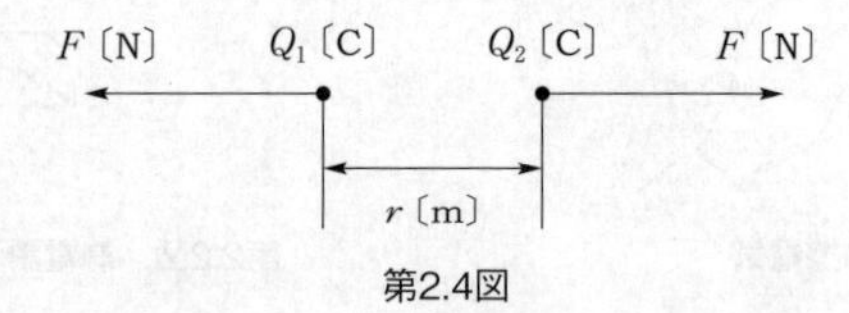

第2.4図

2.1.3　電界の基本法則と電気力線

電荷の力が作用する空間を電界という。この電界の分布状態を表すため仮

想した曲線を電気力線といい、次に挙げるような性質がある。なお、その例を第2.5図に示す。

① 正電荷から出て負電荷で終わる。

② 常に縮まろうとし、また、隣り合う電気力線どうしは反発する。

③ 電気力線どうしは交わらず、途中で消えることがない。

④ 電界の方向は電気力線の接線方向である。

⑤ 等電位面（電界中で電位の等しい点を連ねてできる面）と垂直に交わる。

⑥ 電気力線の密度がその点の電界の強さを表す。

⑦ 電気力線は導体の面に直角になる。

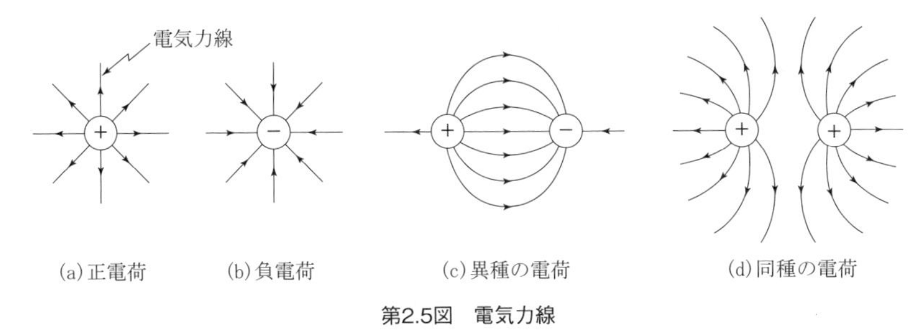

第2.5図　電気力線

2.2　磁気

2.2.1　磁気に関するクーロンの法則

磁石のＮ極にＮ極、またはＳ極にＳ極を近づけると反発力が生じ、Ｎ極にＳ極、またはＳ極にＮ極を近づけると吸引力が生じる。このように磁石は、同種極間では反発し、異種極間では吸引する。

磁極の強さの単位はウェーバ（単位記号Wb）で表す。第2.6図に示すようにm_1〔Wb〕、m_2〔Wb〕の二つの磁極間に働く力F〔N〕は、両磁極の磁極の強さの積に比例し、両磁極間の距離r〔m〕の２乗に反比例する。比例定数をkとすると、

$$F = k\frac{m_1 m_2}{r^2}\ \text{〔N〕}$$

これを磁気に関するクーロンの法則という。

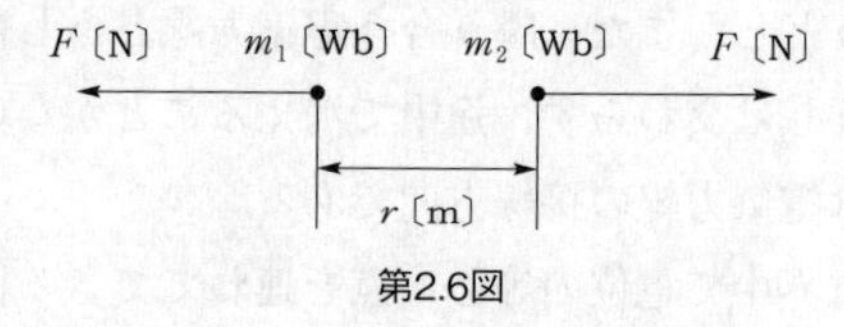

第2.6図

2.2.2 磁界の基本法則と磁力線

磁気コンパスが振れるのは、磁極の作用によるもので、このような磁極の力が作用する場を磁界または磁場という。磁界の状態を仮想した曲線で表しており、これを磁力線（第2.7図に示す。）と呼び、次のような性質を持っている。

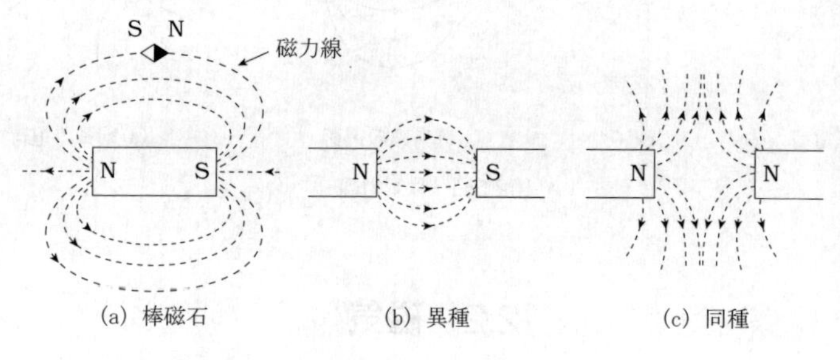

第2.7図　磁力線

① 磁力線はN極から出て、S極に入る。
② 常に縮まろうとし、隣り合う磁力線どうしは反発する。
③ 磁力線どうしは交わらず、分かれることがない。
④ 磁力線の接線の方向は、その点の磁界の方向を示す。
⑤ 磁力線の密度は、その点の磁界の強さを表す。

また、磁石の近くに鉄片を置くと吸引力を受けるとともに、鉄片は磁極に近い方に異種、また、遠い方に同種の磁極が現れて磁石となる。これを磁気誘導作用という。

2.3　電流の磁気作用

2.3.1　アンペアの右ねじの法則

第2.8図(a)に示すように、電流が流れている直線導体に磁針を近付けると、磁針は導線と垂直な方向を向くような力を受ける。これは電流Iによって周囲に磁界（中心に行くほど強くなる。）が生じ、点線のような磁力線ができるためである。これを電流の磁気作用といい、同図(b)に示すように電流の方向を右ねじの進む方向にとると、ねじの回転する方向に磁力線ができる。これをアンペアの右ねじの法則という。

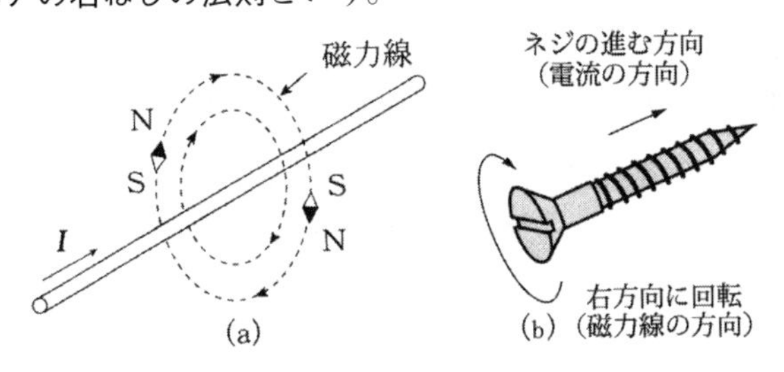

第2.8図　アンペアの右ねじの法則

2.3.2　フレミングの左手の法則

磁極の強さ$+m$〔Wb〕からは、m〔本〕の磁気的な線が出ているものと考え、これを磁束といい、単位はウェーバ（単位記号Wb）を用いる。（磁極の強さの単位ウェーバは、磁束の単位でもある。）

第2.9図(a)に示すように、導線を磁石のＮ極とＳ極の間に置いて電流を流すと、導線は磁石によって生じる磁束と電流の方向に直角な方向に力を受ける。このように、磁界と電流との間で働く力を電磁力という。この力の大きさは電流の大きさ、導線の長さ、磁界の磁束密度の積に比例する。

また、第2.9図(b)に示すように左手の親指、中指（電流の方向）、人差指（磁界の方向）を互いに直角に開くと、親指の方向が電磁力の働く方向を示す。これをフレミングの左手の法則という。

なお、電気計器やモータは、この電磁力を利用したものである。

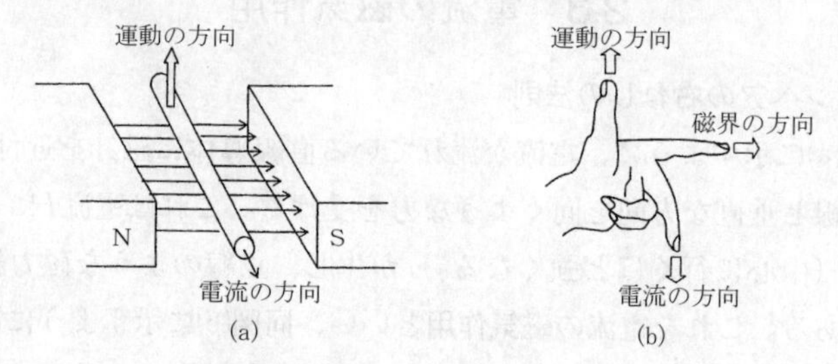

第2.9図　電磁力とフレミングの左手の法則

2.3.3　電磁誘導

導線を環状に巻いたものをコイルといい、第2.10図に示すようにコイルの両端に検流計をつなぎ、棒磁石をコイルの中に急に入れたり出したりすると、その瞬間だけ電流が流れる。棒磁石を動かす代わりにコイルを急に動かしても短時間だけ電流が流れる。

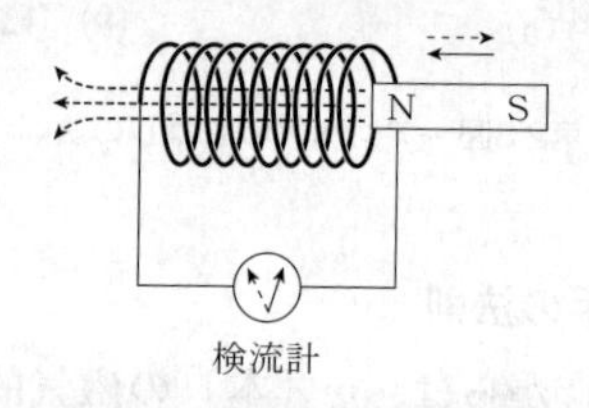

第2.10図　磁石による電磁誘導

また、第2.11図に示すように二つの回路A、Bを並べ、Aに電源、Bに検流計Gをそれぞれ接続しておき、AのスイッチKを閉じて電流を流すと、その瞬間だけBの検流計が振れる。回路Aに一定の大きさの電流が流れているときは、回路Bには電流が流れないが、Kを開くと、その瞬間だけ回路Bに電流が流れ、その向きはKを閉じたときと逆である。

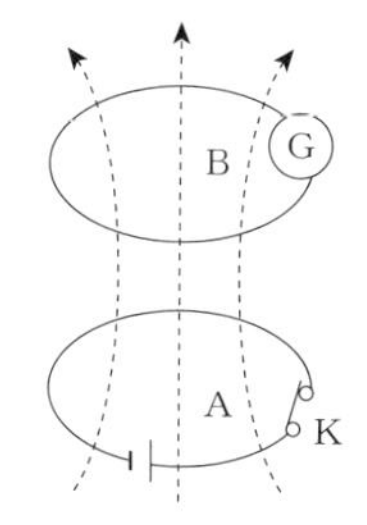

第2.11図　電磁誘導現象

このように、回路と鎖交している磁束が変化したときに、回路に起電力が生じ、電流が流れる現象を**電磁誘導**といい、また、これによって生じる起電力を誘導起電力という。

電磁誘導によって回路に誘導される起電力は、その回路を貫く磁束の時間に対して変化する割合に比例する。これを**電磁誘導に関するファラデーの法則**という。

また、電磁誘導によって生じる起電力の向きは、その誘導電流のつくる磁束が､もとの磁束の増減を妨げる方向に生じる。これを**レンツの法則**という。

なお、**変圧器（トランス）**は電磁誘導を利用したものである。

2.3.4　フレミングの右手の法則

第2.12図(a)に示すように導体の両端に検流計をつなぎ、磁石の磁極NとSの間で導体を上下に動かすと、電磁誘導により導体中に起電力を生じ、電流が流れるが、このとき発生する起電力（電流）の方向は、同図(b)のように右手の親指、中指、人差指を互いに直角に開き、人差指を磁界の方向、親指を導線を動かす方向にとれば、中指の方向が起電力（電流）の方向を示す。これを**フレミングの右手の法則**という。なお、**発電機**はこの電磁誘導を利用したものである。

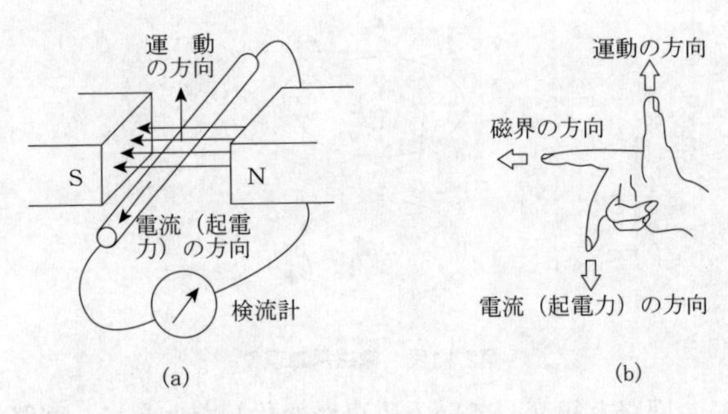

第2.12図　フレミングの右手の法則

第３章　電気回路

3.1　電流、電圧及び電力

3.1.1　電流

すべての物質は多数の原子の集合であり、原子は第3.1図に示すように、中心にある正の電荷をもつ原子核と、その周りの負の電荷をもつ電子から構成されている。

原子は通常の状態では正と負の電荷が等量であるので、電気的に中性が保たれている。導体においては、一番外側の電子は原子との結びつきが弱く、熱などのエネルギーを得ると原子から離れて容易に移動できる自由電子になる。この自由電子の移動現象が電流になりうる。しかし、摩擦電気の正と負を、摩擦した物質によって決めたときに、電子のもつ電荷を負と定めたため、電子流の方向と電流の方向が第3.2図のように逆の関係として電気の理論が組み立てられているが、この関係を改めなくても支障がないので、この約束が継続している。

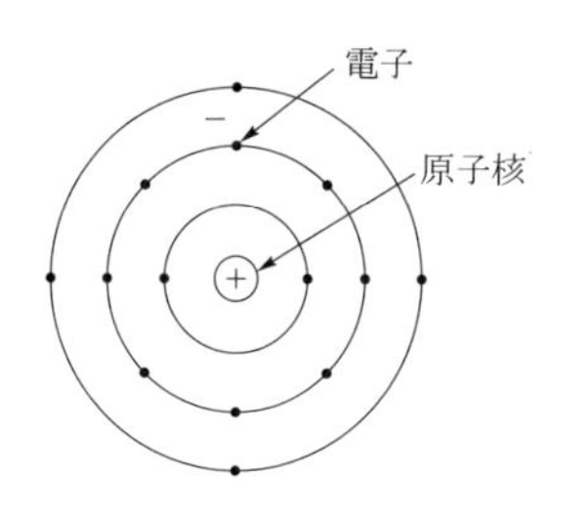

第3.1図　原子構造の模式図

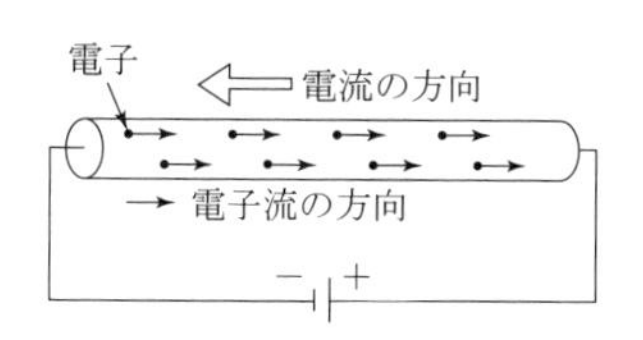

第3.2図　電子流と電流

量記号はIで、単位記号は〔A〕である。１アンペアの1000分の１を１ミリアンペア〔mA〕（1×10^{-3}〔A〕）、100万分の１を１マイクロアンペア〔μA〕（1×10^{-6}〔A〕）といい、補助単位として用いる。

メモ

3.1.2 電圧

水は水位の差によって流れが生じる。これと同様に、電気の場合も電位(正の電荷が多いほど電位は高く、負の電荷が多いほど電位は低い。) の差によって電流が流れるが、この電位差が電流を流すための圧力となるので電圧といい、量記号はV、単位はボルト、単位記号は〔V〕で表し、1ボルトの1000分の1を1ミリボルト〔mV〕(1×10^{-3}〔V〕)、100万分の1を1マイクロボルト〔μV〕(1×10^{-6}〔V〕)、1000倍を1キロボルト〔kV〕(1×10^{3}〔V〕)といい、補助単位として用いる。

なお、電池または交流発電機のように、電気エネルギーを供給する源を電源といい、その図記号を第3.3図に示す。

− +

(a) 電池又は直流電源　(b) 交流電源

第3.3図　電源の図記号

3.1.3 直流

第3.4図のように、常に電流Iの流れる方向 (または電圧Eの極性) や大きさが一定で変わらない、例えば、電池から流れる電流を直流といい、DC (Direct Current) と略記する。

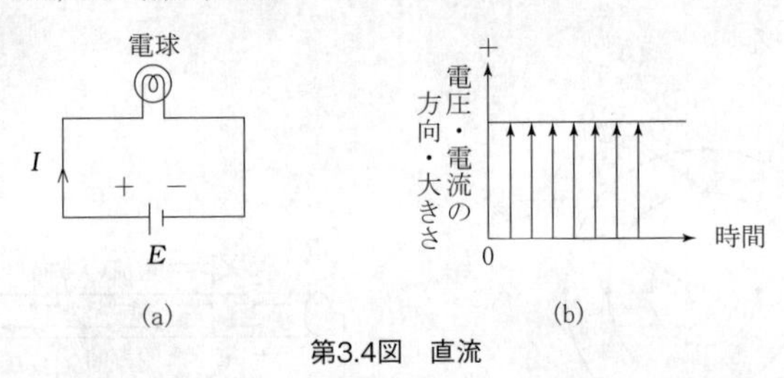

第3.4図　直流

3.1.4 交流

第3.5図のように電圧の大きさと極性や、電流の大きさと流れる方向が一定の周期をもって変化する場合を交流といい、AC (Alternating Current) と略記する。例えば、家庭で使用している電気は交流である。

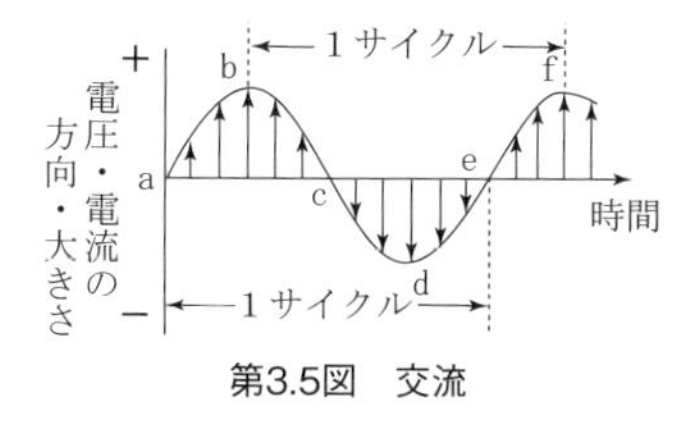

第3.5図　交流

交流は電圧や電流の瞬時値が周期的に変化するが、この繰り返しの区間をサイクルという。第3.5図についていえば、ａからｅまでの変化またはｂからｆまでの変化が１サイクルである。この１サイクルに要する時間〔秒〕を周期（記号T）という。また、１秒間に繰り返されるサイクル数が周波数である。周期をT〔s〕、周波数をf〔Hz〕とすると

$$T=\frac{1}{f}\ \text{〔s〕}$$

の関係がある。

3.1.5　電力

高い所にある水を落下させ水車で発電機を回すと、電気を発生する仕事をする。したがって、高い所の水は仕事をする能力があると考えることができ、このような仕事をする能力は高さ及び流量に比例する。

電気の場合も同様に、機器で１秒当たり発生または消費する電気エネルギー（ジュール/秒）を電力といい、直流の場合は、電圧と電流の積で表される。電力の量記号はP、単位はワット、単位記号は〔W〕で表し、１ワットの1000分の１を１ミリワット〔mW〕（1×10^{-3}〔W〕）、1000倍を１キロワット〔kW〕（1×10^{3}〔W〕）といい、補助単位として用いる。

電力は１秒当たりの電気エネルギーで表されるが、電力Pがある時間tに消費した電気エネルギーの総量（＝Pt）を電力量Wpといい、単位の名称及び単位記号は、ワット秒〔Ws〕、ワット時〔Wh〕で表す。ワット時の1000倍のキロワット時〔kWh〕が補助単位として用いられる。

3.2 回路素子

3.2.1 抵抗とオームの法則

(1) オームの法則

管の中を水が流れる場合、管の形や管内の摩擦抵抗などにより、水の流れやすい管と流れにくい管とがあるように、導体といっても、電流は無限には大きくならないで、必ず電流の通過を妨げる抵抗作用が存在する。導体の抵抗をRとすると導体に流れる電流Iは、その導体の両端に生じる電位差すなわち電圧Vに比例する。これをオームの法則といい、

$$V = IR \text{〔V〕} \qquad I = \frac{V}{R} \text{〔A〕}$$

で表され、Rの値が大きいほど同じ電流を流すために必要な電圧は大きくなるのでRは電流の流れにくさを表す。

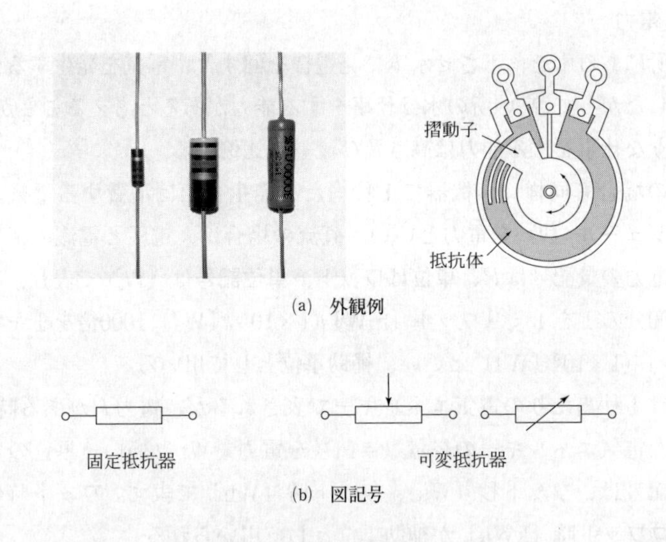

(a) 外観例

(b) 図記号

第3.6図　抵抗器の外観例と図記号

抵抗（または電気抵抗）の量記号はR、単位はオーム、単位記号は〔Ω〕で表し、１オームの1000倍を１キロオーム〔kΩ〕（1×10^3〔Ω〕）、100万倍を１メガオーム〔MΩ〕（1×10^6〔Ω〕）といい、補助単位として用いる。

所定の抵抗をもつ素子として作られたものを抵抗器という。抵抗器には抵抗値が一定の固定抵抗器と、任意に抵抗値を増減できる可変抵抗器とがある。第3.6図に抵抗器の外観例とその図記号を示す。

抵抗器には、電圧または電力を取り出す負荷抵抗用、分圧・分流用、放電用及び減衰用など各種の用途がある。

⑵　抵抗の接続

第3.7図に示すように、抵抗R_1〔Ω〕、R_2〔Ω〕、R_3〔Ω〕を直列に接続し、これに電圧V〔V〕を加えると、回路の各抵抗には同一電流I〔A〕が流れるので、各抵抗の端子電圧V_1、V_2、V_3は

$$V_1 = R_1 I \text{〔V〕} \qquad V_2 = R_2 I \text{〔V〕} \qquad V_3 = R_3 I \text{〔V〕}$$

となり、全電圧Vは

$$V = V_1 + V_2 + V_3 = I(R_1 + R_2 + R_3) \text{〔V〕}$$

となるので、直列接続の場合の合成抵抗Rは

$$R = R_1 + R_2 + R_3 \text{〔Ω〕}$$

となる。

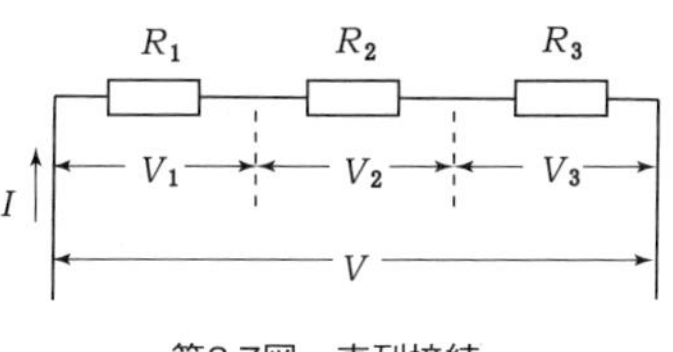

第3.7図　直列接続

また、第3.8図に示すように、抵抗R_1〔Ω〕、R_2〔Ω〕、R_3〔Ω〕を並列に接続し、これに電圧V〔V〕を加えると、各抵抗に流れる電流I_1、I_2、I_3は

$$I_1 = \frac{V}{R_1} \text{〔A〕} \qquad I_2 = \frac{V}{R_2} \text{〔A〕} \qquad I_3 = \frac{V}{R_3} \text{〔A〕}$$

となり、回路を流れる電流Iは

$$I=I_1+I_2+I_3=V\left(\frac{1}{R_1}+\frac{1}{R_2}+\frac{1}{R_3}\right)\text{〔A〕}$$

となるので、並列接続の場合の合成抵抗Rは

$$R=\frac{1}{\frac{1}{R_1}+\frac{1}{R_2}+\frac{1}{R_3}}\text{〔Ω〕}$$

となる。なお、抵抗が２個並列の場合の合成抵抗Rは

$$R=\frac{R_1R_2}{R_1+R_2}\text{〔Ω〕}$$

となる。

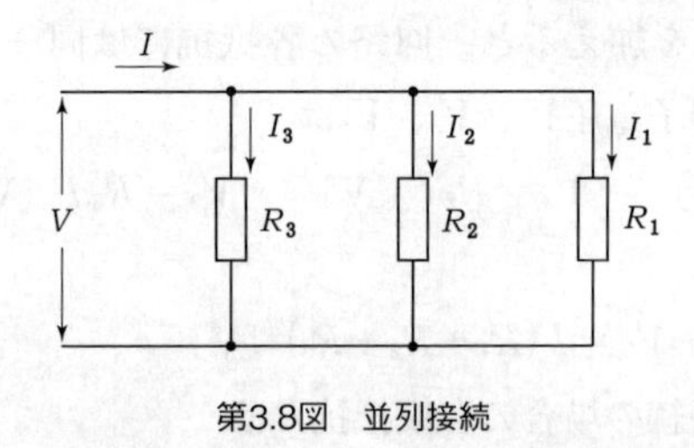

第3.8図　並列接続

3.2.2　コイル

コイルにはいろいろな種類がある。鉄心を使用しているもの(低周波チョークコイルなど)、周波数の高いところで使用される空心のコイルなどがあるが、同調コイル、発振コイル及び高周波チョークコイルなどにはフェライトやダストコア入りのものがよく用いられている。

また、交流電圧を所望電圧に昇圧したり、降圧したり、あるいは回路を結合するのにコイルを組み合わせた変圧器（トランス）が用いられており、周波数によって前記のような鉄心入りや、空心のものが使用されている。これには、同調コイル、低周波トランス、出力トランス、中間周波トランス及び電源トランスなどがある。

第3.9図にコイルの外観例と図記号を示す。

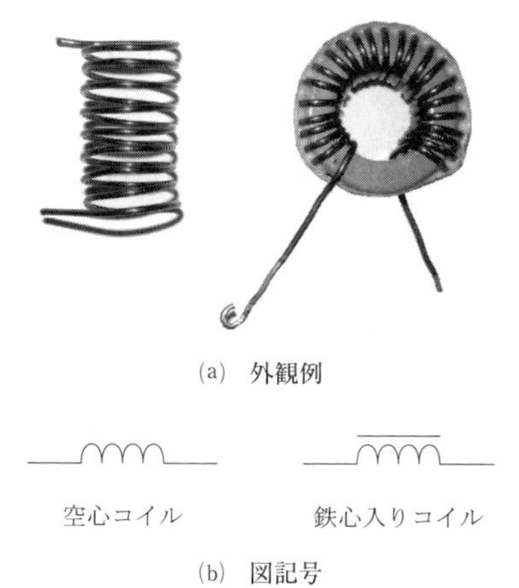

(a)　外観例

(b)　図記号

第3.9図　コイルの外観例と図記号

コイルに流れる電流が変化すると、電磁誘導によってコイルに起電力が生じ、この現象を自己誘導作用という。

コイルの電流が変化したときに生じる起電力の大きさを自己インダクタンスまたは単にインダクタンスという。

インダクタンスの量記号はL、単位はヘンリー、単位記号は〔H〕である。1ヘンリーの1000分の1を1ミリヘンリー〔mH〕(1×10^{-3}〔H〕)、100万分の1を1マイクロヘンリー〔μH〕(1×10^{-6}〔H〕)といい、補助単位として用いる。

3.2.3　コンデンサ

2枚の金属板または金属はくを、絶縁体を挟んで狭い間隔で向かい合わせたものをコンデンサまたはキャパシタという。

(1)　コンデンサの種類

コンデンサには、使用する絶縁体の種類によって、紙コンデンサ、空気コンデンサ、磁器コンデンサ、マイカコンデンサ及び電解コンデンサなどがある。

また、コンデンサには、容量が一定の固定コンデンサと、任意に容量を変えることができる可変コンデンサ（バリアブルコンデンサ：バリコン）などがある。

コンデンサは、共振回路（同調回路）に用いられるほか、高周波回路の結合や接地、整流回路の平滑用などに使用される。第3.10図にコンデンサの外観例とその図記号を示す。

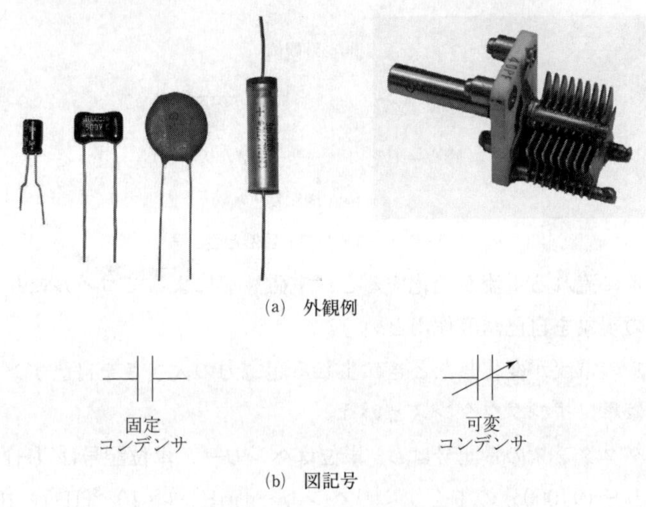

(a) 外観例

(b) 図記号

第3.10図　コンデンサの外観例と図記号

(2) 静電容量

第3.11図のように、コンデンサに電池E〔V〕を接続すると、+、−の電荷は互いに引き合うので、金属板には図のように電荷が蓄えられ、電池を取り去ってもそのままの状態を保っている。

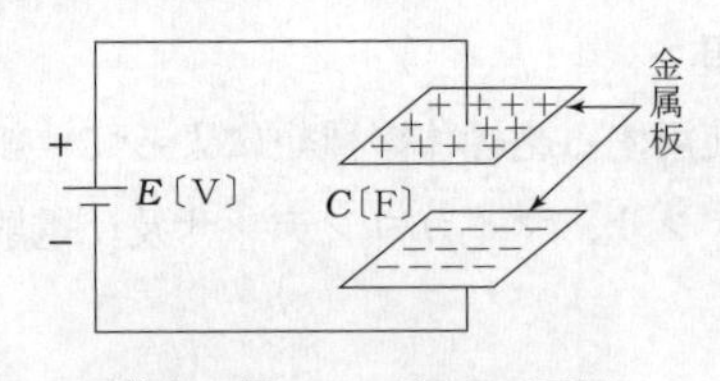

第3.11図　コンデンサの原理

この場合、コンデンサがどのくらい電荷を蓄えられるか、その能力を静電容量（単に容量ということもある。）あるいはキャパシタンスという。静電容量の量記号はC、単位はファラド（ファラッドともいう)、単位記号は〔F〕である。

１ファラドの100万分の１を１マイクロファラド〔μF〕(1×10^{-6}〔F〕)、１兆分の１を１ピコファラド〔pF〕(1×10^{-12}〔F〕）といい、補助単位として用いる。

⑶　コンデンサの接続

第3.12図(a)のように、コンデンサC_1〔F〕、C_2〔F〕を接続した場合を直列接続といい、合成静電容量Cは、

$$C=\frac{1}{\frac{1}{C_1}+\frac{1}{C_2}}=\frac{C_1 C_2}{C_1+C_2}\ 〔\mathrm{F}〕$$

となる。

図(b)のように接続した場合を並列接続といい、合成静電容量Cは

$$C=C_1+C_2\ 〔\mathrm{F}〕$$

となる。

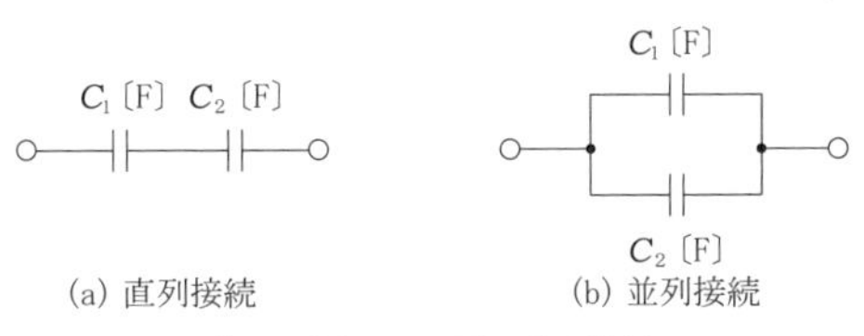

第3.12図　コンデンサの接続

3.3　導体及び絶縁体

3.3.1　導体、絶縁体及び半導体

物質には、電荷が容易に移動することができる導体（銅のように電気を伝える物質）と、電荷が移動しない不導体または絶縁体（ガラスのように電気

を伝えない物質）とがある。また、この中間の性質をもつものを半導体という。第3.13図にこれらの代表的な例を示す。（長さ１〔m〕、断面積１〔m²〕の抵抗値をその導体の抵抗率とよび、単位はオームメートル（単位記号Ωm））

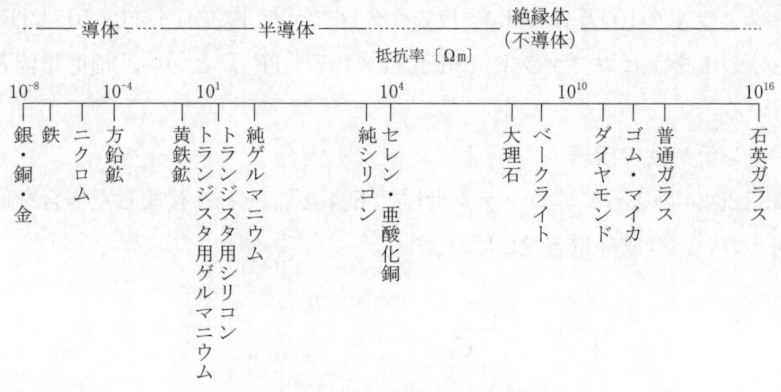

第3.13図　導体、絶縁体及び半導体

3.4　フィルタ

3.4.1　概要

無線通信装置には用途により特定の周波数より低い範囲の信号を通す回路、逆に、高い周波数の信号のみを通過させる回路、特定の周波数範囲の信号のみを通過させる回路などが組み込まれていることが多い。これらの回路はフィルタと呼ばれ、次のようなものがある。

3.4.2　低域通過フィルタ（LPF：Low Pass Filter）

LPFは第3.14図(a)に示すように、周波数f_cより低い周波数の信号を通過させ、周波数f_cより高い周波数の信号は通さないフィルタである。

3.4.3　高域通過フィルタ（HPF：High Pass Filter）

HPFは第3.14図(b)に示すように、周波数f_cより高い周波数の信号を通過させ、周波数f_cより低い周波数の信号は通さないフィルタである。

3.4.4　帯域通過フィルタ（BPF：Band Pass Filter）

BPFは第3.14図(c)に示すように、周波数f_1より高く、f_2より低い周波数の信号を通過させ、その帯域外の周波数の信号は通さないフィルタである。

3.4.5　帯域消去フィルタ（BEF：Band Elimination Filter）

BEFは第3.14図(d)に示すように、周波数f_1より高く、f_2より低い周波数の信号を減衰させ、その帯域外の周波数の信号は通すフィルタである。

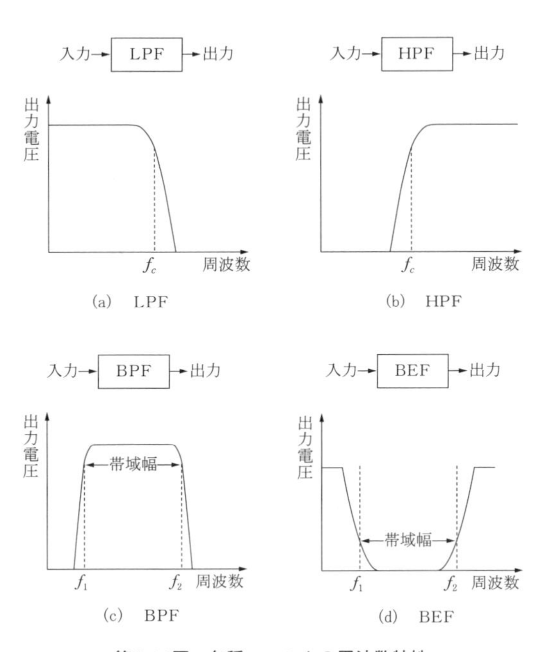

第3.14図　各種フィルタの周波数特性

第3.1表　単位と補助単位

項目	基本単位	読み	倍率の単位		
	量記号	単位記号	補助単位	読み	補助単位の倍率
周波数	Hz	ヘルツ	T〔Hz〕	テラ〔Hz〕	10^{12}〔Hz〕
			G〔Hz〕	ギガ〔Hz〕	10^{9}〔Hz〕
			M〔Hz〕	メガ〔Hz〕	10^{6}〔Hz〕
			k〔Hz〕	キロ〔Hz〕	10^{3}〔Hz〕
			〔Hz〕	〔Hz〕	10^{0}〔Hz〕
			m〔Hz〕	ミリ〔Hz〕	10^{-3}〔Hz〕
			μ〔Hz〕	マイクロ〔Hz〕	10^{-6}〔Hz〕
			n〔Hz〕	ナノ〔Hz〕	10^{-9}〔Hz〕
			p〔Hz〕	ピコ〔Hz〕	10^{-12}〔Hz〕
静電容量	F	ファラッド	〔F〕	〔F〕	10^{0}〔F〕
			m〔F〕	ミリ〔F〕	10^{-3}〔F〕
			μ〔F〕	マイクロ〔F〕	10^{-6}〔F〕
			n〔F〕	ナノ[F]	10^{-9}〔F〕
			p〔F〕	ピコ〔F〕	10^{-12}〔F〕
インダクタンス	H	ヘンリー	〔H〕	〔H〕	10^{0}〔H〕
			m〔H〕	ミリ〔H〕	10^{-3}〔H〕
			μ〔H〕	マイクロ〔H〕	10^{-6}〔H〕
			n〔H〕	ナノ〔H〕	10^{-9}〔H〕
			p〔II〕	ピコ〔H〕	10^{-12}〔H〕

第４章　半導体及び電子管

4.1　半導体

4.1.1　半導体

半導体は導体と絶縁体の中間の性質をもっており電子回路の部品や素子などに用いられる極めて重要なものである。具体的にはシリコン、ゲルマニウム、セレン、亜酸化銅などであり、半導体の存在なくして今日のワイヤレス技術、コンピュータ技術、ネットワーク技術などの進歩発展はない。

4.1.2　半導体素子

(1)　N形半導体とP形半導体

純粋なシリコン、ゲルマニウム等に、特定の物質を混入して結晶を作ると、特性の異なる半導体を作ることができ、その特性によってN形半導体とP形半導体に分類される。

(a)　N形半導体

純粋な４価のシリコンの単結晶中に、ごく微量の５価の元素（ひ素（As)・アンチモン（Sb）等）を不純物として加えると、これらの原子の一番外側の電子は、４個が周囲のシリコン原子と共有結合の状態となるが、１個が余る。この余った電子は、自由電子となる。加える５価の不純物をドナーという。

このようにドナーを混入した電子が多い半導体をN形半導体という。

(b)　P形半導体

純粋な４価のシリコンの単結晶中に、ごく微量の３価の元素（インジウム(In)・ガリウム（Ga）等）を不純物として加えると、これらの原子の一番外側の電子は、周囲のシリコン原子と共有結合の状態となるが、１個不足する。この３価の不純物をアクセプタという。この不足した部分は正の電荷を

メ モ

もつと考え、これを正孔（またはホール）といい、このような正孔が多い半導体をＰ形半導体という。

4.1.3 ダイオード

第4.1図に示すように、Ｐ形半導体とＮ形半導体とを接合したものを接合ダイオードという。接合ダイオードの図記号を第4.2図に示す。

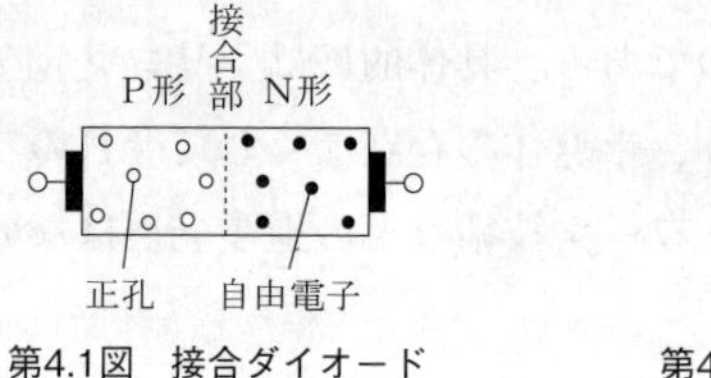

第4.1図　接合ダイオード

第4.2図　接合ダイオードの図記号

ダイオードは第4.3図に示すような電圧電流特性を持ち、交流が加わると正の半サイクルでは順方向で電流を流し、負の半サイクルでは逆方向でほとんど流さないので、整流、検波、スイッチング素子として用いられる。

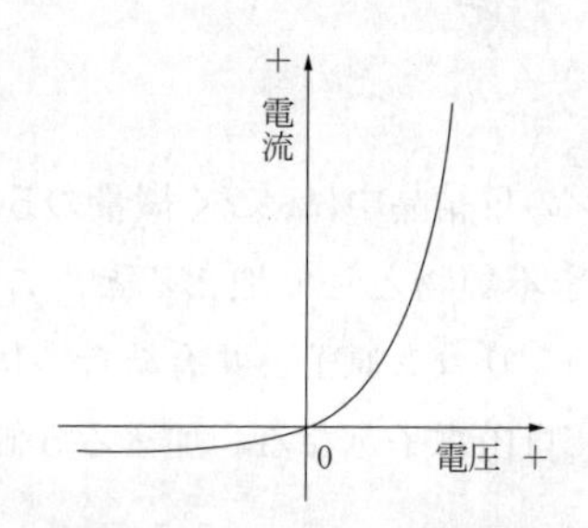

第4.3図　ダイオードの電圧電流特性

ダイオードには、電圧を一定に保つ定電圧ダイオード、印加電圧を変えると静電容量が変化する可変容量ダイオード（バラクタダイオード）、負性抵抗の作用でマイクロ波の発振を起こす現象（ガン効果）を利用するガンダイオード、PN接合部で電子と正孔が再結合するときに余ったエネルギーが光となる発光ダイオード及び光のエネルギーが電流に変換されるホトダイオー

半導体を用いた電子部品の温度が上昇すると、一般にその部品に起こる変化として、半導体の抵抗が減少し電流が増加する。

ドなどがある。

4.1.4　トランジスタ

増幅回路（5.1参照）や発振回路（5.2参照）の主要素子として用いられるのがトランジスタであり、大きく分けて接合トランジスタと電界効果トランジスタの２種類がある。

(1)　接合トランジスタ

(a)　概要

第4.4図のように、接合トランジスタには、図(a)のようにＰ形半導体の間に極めて薄いＮ形半導体を挟んだものと、図(b)のようにＮ形半導体の間に極めて薄いＰ形半導体を挟んだものとがある。前者をPNP形、後者をNPN形トランジスタといい、これらトランジスタの各部分は、薄い半導体層がベース（B）で、これを挟んだ半導体がエミッタ（E）とコレクタ（C）であり、図記号を第4.5図に示す。図中エミッタの矢印は、順方向電流（Ｐ形からＮ形に流れる電流）の方向を示す。

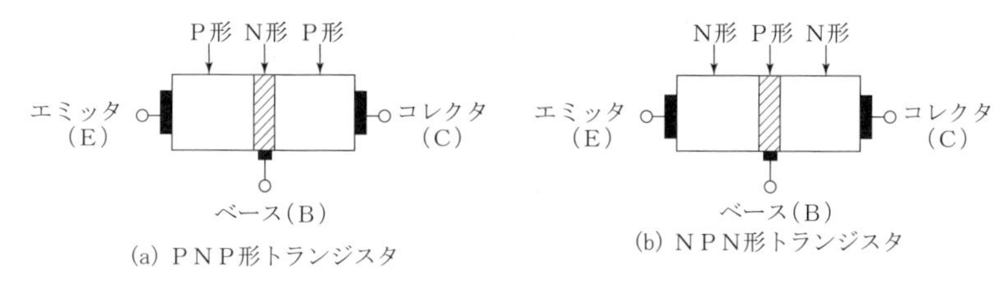

第4.4図　接合トランジスタの構造と電極

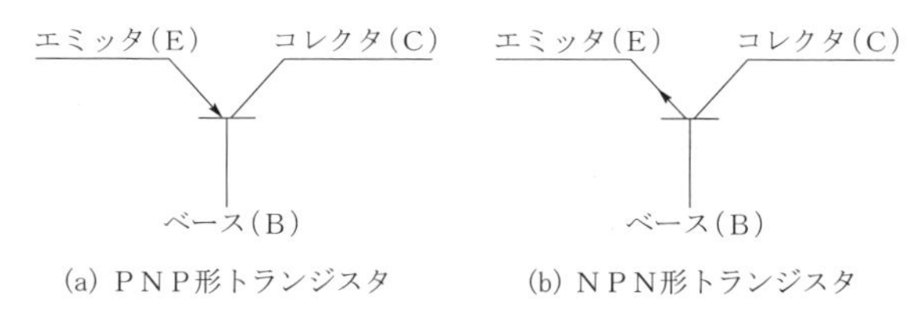

第4.5図　トランジスタの図記号

(b) トランジスタの特徴

トランジスタには、電子管（真空管）と比較して次のような長所と短所がある。

長所

① 小型軽量である。

② 電源投入後、直ちに動作する。

③ 低電圧で動作し、電力消費が少ない。

④ 機械的に丈夫で寿命が長い。

短所

① 熱に弱く、温度変化により特性が変わりやすい。

② 単体での大電力増幅に適さない。

写真4.1にトランジスタの例を示す。

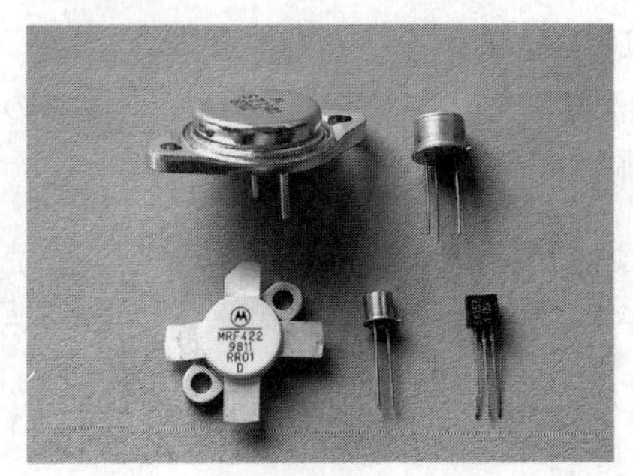

写真4.1

(2) 電界効果トランジスタ（FET）

(a) 概要

ベース電流によってコレクタ電流を制御する接合トランジスタに対し、ゲート電圧によってドレイン電流を制御するトランジスタを電界効果トランジスタ（FET：Field Effect Transistor）という。一般のトランジスタでは、正孔と電子の両方がキャリアとして働くが、FETにおけるキャリアは、正孔または電子のどちらか一つである。接合形FETの図記号を第4.6図に示す。

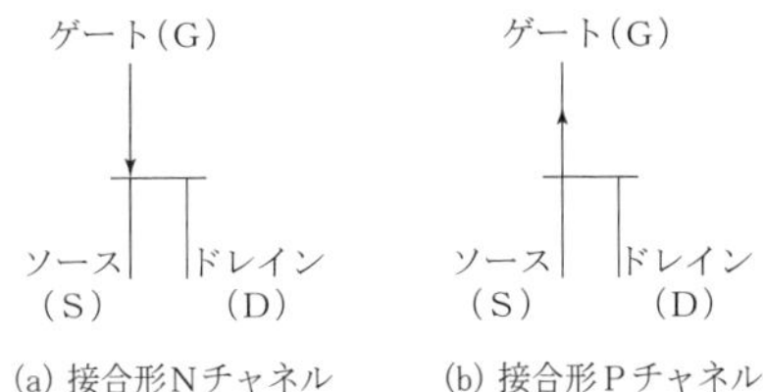

第4.6図　FETの図記号

FETは、ソース（S）、ドレイン（D）、ゲート（G）の電極をもち、これらは、それぞれ接合トランジスタのエミッタ、コレクタ及びベースに対応する。

FETには多くの種類があるが例として、第4.7図(a)にNチャネル接合形FET、同図(b)にMOS形FET（モス形FETと呼ぶ。）の原理的な構造図を示す。MOS形FETは、ゲートが金属（Metal）、酸化膜（Oxide）、半導体（Semiconductor）で構成されるので、各頭文字をとってMOSと名づけられている。更に、MOS形FETにはデプレション形とエンハンスメント形があり、それぞれにNチャネルとPチャネルがある。それらの図記号を第4.8図に示す。

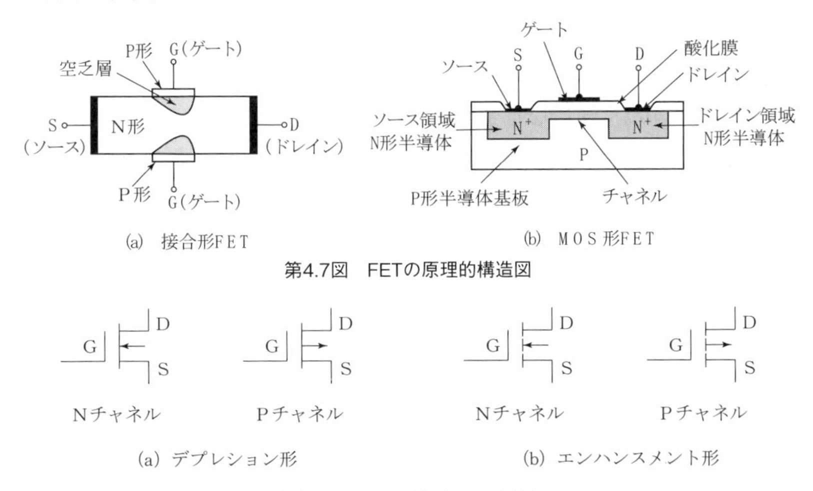

第4.8図　MOS形FETの図記号

(b) FETの特徴（トランジスタとの比較）

FETはトランジスタと比べると次のような特徴をもっている。

① キャリアが1種類である。

② 電圧制御素子である。

③ 入力インピーダンスが非常に高い。

④ 低雑音であるものが多い。

⑤ 温度変化の影響を受けにくい。

4.2 集積回路

一つの基板に、トランジスタ、ダイオード、抵抗及びコンデンサなどの回路素子から配線までを一体化し、回路として集積したものを集積回路（IC：Integrated Circuit）という。

ICには、シリコン基板を使う半導体ICとセラミック基板を使うハイブリッドICがある。このようなICを用いると、送受信機を非常に小型にでき、高機能化が可能であるとともに回路の配線が簡単で信頼度も高くなるなどの利点があるため、無線機器をはじめ多くの電子機器に使用されている。集積回路には次のような特徴がある。

① 集積度が高く複雑な電子回路が超小型化できる。

② 部品間の配線が短く、超高周波増幅や広帯域増幅性能がよい。

③ 大容量、かつ高速な信号処理が容易である。

④ 信頼度が高い。

⑤ 量産効果で経済的である。

また、ICを更に高集積化したものが、大規模集積回路（LSI：Large Scale Integration）や超LSI（VLSI：Very Large Scale Integration）である。これらは、コンピュータの中央演算処理装置（CPU：Central Processing Unit）やメモリをはじめ多くの電子機器、家電製品など、広い分野で使用されている。

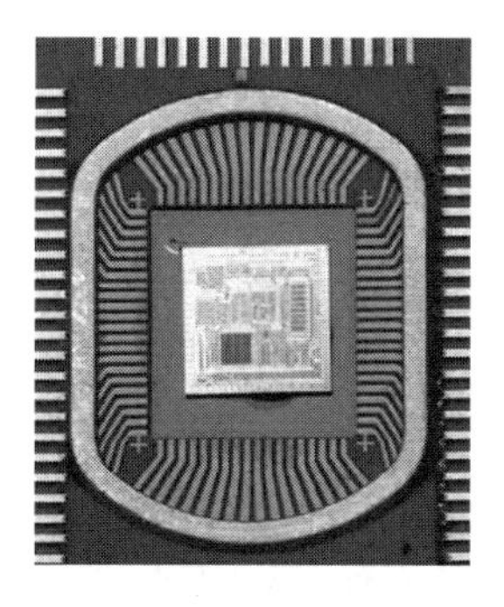

写真4.2　ICの例（内部拡大）

4.3　マイクロ波用電力増幅半導体素子

マイクロ波帯では高電力増幅器の増幅素子として、進行波管（TWT：Traveling Wave Tube）が用いられていたが、最近の装置には半導体のマイクロ波電力増幅素子として直線性の優れたGaAsFET（ガリウム砒素FET）やHEMT（High Electron Mobility Transistor：高電子移動度トランジスタ）が用いられることが多い。なお、高電力が必要な場合には、電力増幅器のモジュールを並列接続することで規格の電力を満たしている。

FETをマイクロ波のような非常に高い周波数帯で利用するためには、FETのキャリア速度を速くする必要がある。半導体内のキャリアの移動速度は、加える電圧（印加電圧）を上げると速くなるわけではなく、途中で不純物原子や結晶などと衝突して一定値に近づく。移動度（モビリティ：Mobility）を比較すると、一般的な半導体のシリコンよりGaAs（ガリウム砒素）の方が数倍大きな値である。したがって、GaAsを用いることにより高周波特性の優れたFETが得られる。

半導体と金属との接触を利用するショットキー・ゲート形FETの構造の一例を第4.9図に示す。

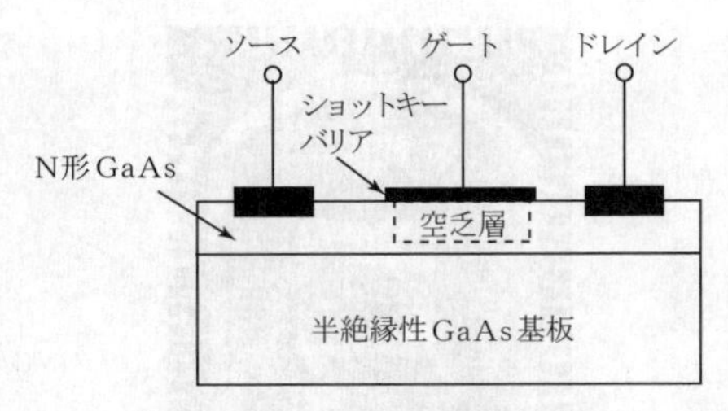

第4.9図　GaAsFETの原理的構造図

動作原理は、ゲートに加えられる入力信号によってショットキーバリア直下の空乏層の厚さを変化させることでドレイン電流をコントロールするものである。

この基本原理に基づき、素子を並列に多数並べることで高周波特性の優れた電力増幅用のGaAsFETを得ている。

このショットキーGaAsFETの自由電子の移動度を更に大きな値としたのがHEMTである。HEMTでは、GaAsFETにおける半絶縁性GaAs基板を改良し、高電子移動度の層を生成して２重層構造にすることで、電子の移動速度をより速くし、高周波特性を改善している。

4.4　マイクロ波用電力増幅電子管

4.4.1　概要

マイクロ波帯では特殊な真空管であるマグネトロン、クライストロン、進行波管（TWT）などを用いて高出力を得ていたが、半導体技術やデジタル信号処理技術などの進歩により固体化装置に置き換えられている。ただし、TWTについては、広帯域性に優れ、増幅度が大きく、高出力が得られるので一部の装置で使用されている。

4.4.2　進行波管（TWT）

進行波管（TWT）はマイクロ波用電子管のなかで、広帯域高能率増幅や長寿命などの特徴から、マイクロ波通信回線、衛星通信地球局等の地上関係無線設備のほか、更に高信頼長寿命が要求される通信・放送衛星などの人工衛星搭載用として、利用されている。

TWTは、高周波電界と電子流との相互作用による速度変調、密度変調過程でのエネルギー授受により増幅を行うが、このために遅波回路（ら旋低速波回路）を用いている。第4.10図にTWTの構造の一例を示す。

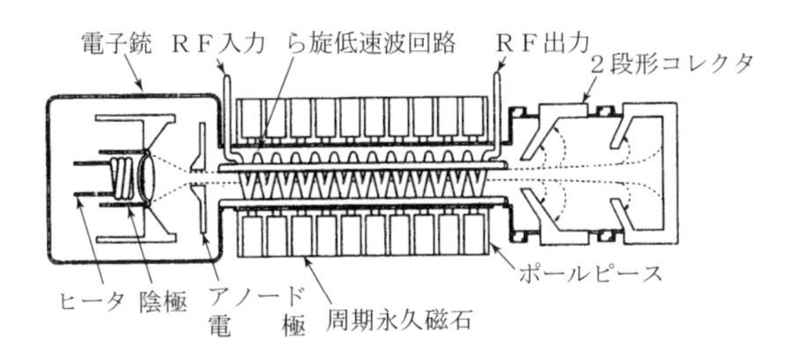

第4.10図　進行波管の構造

第５章　電子回路

5.1　増幅回路

5.1.1　増幅作用

第5.1図に示すように回路の入力端子に信号を加えて、その回路の出力端子より信号を取り出した場合、入力信号に比べて出力信号が大きくなる作用を増幅という。そして、このための回路が増幅回路で、装置としたものが増幅器である。

第5.1図　増幅器の増幅度

増幅の目的により、電圧を増幅するものは電圧増幅回路または電圧増幅器、電流を増幅するものは電流増幅回路または電流増幅器、大きな電力を得るために用いられるのが電力増幅回路または電力増幅器である。

増幅の度合いを示す増幅度は、次の式で求められる。

$$増幅度=\frac{出力}{入力}$$

5.1.2　増幅方式

トランジスタ増幅回路は、トランジスタの動作状態によりＡ級、Ｂ級、Ｃ級、AB級などに分類され、用途に応じて使い分ける。各級の増幅方式における入力信号に対する出力信号の特性を第5.2図に示す。なお、増幅器の効率と直線性（低ひずみ特性）を両立させることは難しい。

(1)　Ａ級増幅

Ａ級増幅は、入力信号の波形が忠実に増幅されるひずみの少ない方式であ

メ　モ

る。しかし、効率は悪い。小さな信号を忠実に増幅する用途に適している。

⑵　B級増幅

B級増幅は、出力信号波形にひずみが生じるので信号を忠実に増幅する用途には適さない。効率はA級とC級増幅の中間である。

⑶　C級増幅

C級増幅は、B級増幅よりひずみが多いので音声信号を増幅する用途には適さない。しかし、効率は良い。FM方式送信機の電力増幅器に用いられている。

⑷　AB級増幅

AB級増幅は、A級とB級の中間の方式であり、低ひずみの電力増幅器として広く用いられている。

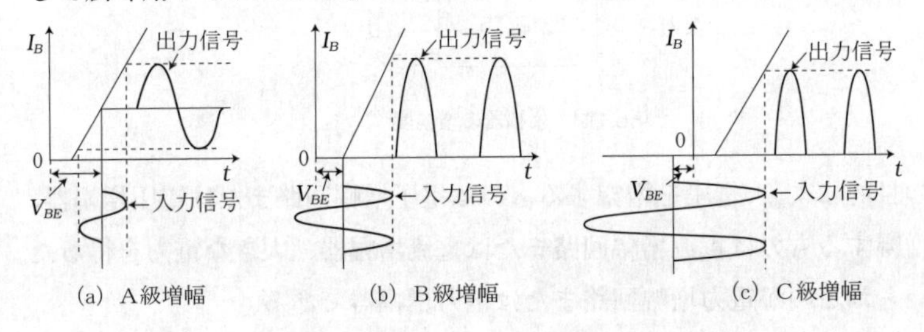

第5.2図　各級増幅方式における信号の入出力特性

5.2　発振回路

5.2.1　発振回路

コイルとコンデンサから成る共振回路などで発生させた電気振動をトランジスタ等の増幅回路で持続させると共振回路の定数で決まる周波数の信号が生成される。例えば、増幅器の出力の一部をある条件で入力に戻すと、その戻された信号が増幅され、そして再び入力に戻され、それが増幅されることをくり返し発振状態になる。このとき、回路の一部に共振回路などを挿入すると、その共振周波数で発振することになる。

⑴　自励発振回路

コイルとコンデンサなどで共振回路を構成する第5.3図に示すような自励発振回路は、コイルやコンデンサの値を変えることで比較的簡単に発振周波数を変化できるが周波数の安定度が悪い。

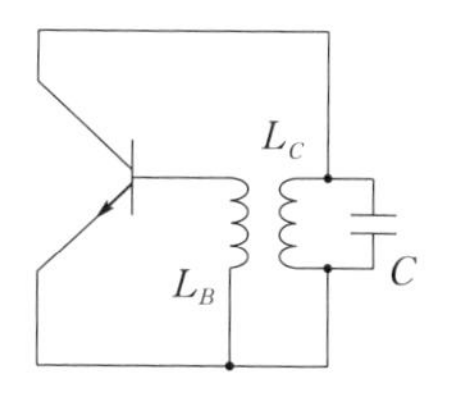

第5.3図　自励発振回路

⑵　水晶発振回路

第5.4図に示すような水晶発振回路は、共振素子として固有振動数が非常に安定である水晶振動子を用いるので周波数の安定度が良い。しかし、発振周波数は水晶振動子の固有振動数で決まるので変えられない。なお、水晶振動子の物理的な制約により、安定に発振できる周波数には上限（20〔MHz〕程度）がある。水晶発振回路は周波数安定度が高く、周波数精度の優れた固定周波数の信号を必要とする場合に用いられ、周波数シンセサイザや周波数カウンタなどの基準発振器として使われている。

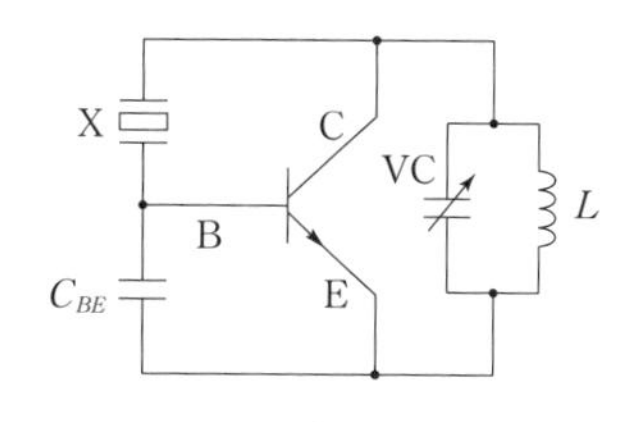

第5.4図　水晶発振回路

5.2.2　PLL発振回路（Phase Locked Loop：周波数シンセサイザ）

周波数シンセサイザは、水晶発振器と同様の周波数安定度と精度を備える周波数可変信号発生器である。一例として、第5.5図に25〔kHz〕ステップで150～170〔MHz〕の安定した周波数を生成する周波数シンセサイザの構成

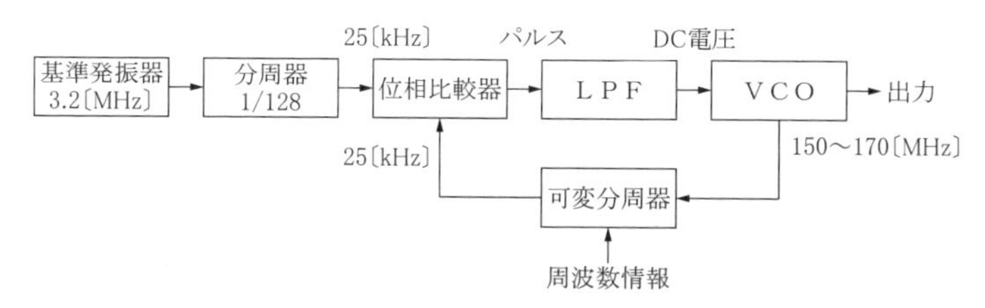

第5.5図　周波数シンセサイザの構成概念図

概念図を示す。なお、基準発振器は、周波数安定度と精度の優れた水晶発振器であり、周波数シンセサイザの性能を決める基準となる発振器である。

基準発振器で作られた3.2〔MHz〕を128分周した25〔kHz〕の信号は、位相比較器の一つの入力に加えられる。そして、位相比較器のもう一方の入力には、可変容量ダイオード（バラクタダイオード）を用いた電圧制御発振器（VCO：Voltage Controlled Oscillator）の出力を周波数情報に基づく数で分周した概ね25〔kHz〕の信号が加えられる。位相比較器は、入力された二つの信号の周波数と位相を比較し、周波数差と位相差に応じたパルスを出力する。この出力されたパルスは、シンセサイザの応答特性を決めるLPFによって直流電圧に変換され、VCOの可変容量ダイオードに加えられる。この結果、VCOの周波数が変化して、周波数及び位相が基準発振器からの25〔kHz〕と一致したときにループが安定し、基準発振器で制御された安定で正確な信号が得られる。

例えば、150〔MHz〕の信号が必要な場合は可変分周器で6000分周、170〔MHz〕で6800分周することになる。このように可変分周器の分周数を変えることで150～170〔MHz〕帯において25〔kHz〕ステップの周波数を生成できる。

5.3　アナログ方式変調回路

5.3.1　概要

大声で情報を伝えようとしても100メートル程度が限界である。しかし、声を電気信号に変えて搬送波に乗せ、アンテナより電波として放射すると遠く離れた所に伝えることができる。

このように、情報を遠く離れた所に伝えるために行われる信号処理の一つが変調である。変調とは、音声や音響、影像、文字などの情報を搬送波（周波数が高くエネルギーの大きい信号）に乗せることである。変調回路の構成概念図を第5.6図に示す。

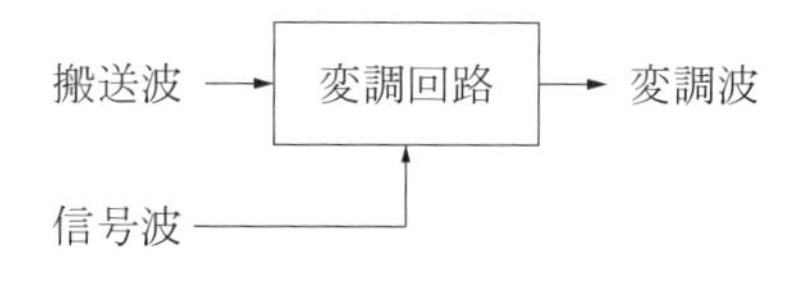

第5.6図　変調回路

変調方式は搬送波に情報を乗せる方式により幾つかの種類に分けられる。変調方式が異なると特性も異なるので、それぞれの特性に応じて使い分けられる。

アナログ変調は、アナログ信号（時間と共に信号の振幅が連続的に変化する信号）によって搬送波を連続的に変化させるものである。一方、デジタル変調は、デジタル信号（電圧の有無のような2値の電圧による不連続な信号）で搬送波を変化させる方式である。

5.3.2　振幅変調（AM：Amplitude Modulation）

(1)　DSB（Double Side Band）方式

DSB方式は、中波や短波のラジオ放送、近距離の航空交通管制通信、漁業無線などに用いられている。

第5.7図(a)のような振幅が一定の搬送波を、図(b)のような変調信号で振幅変調すると、振幅が変調信号の振幅に応じて変化し、図(c)のような変調波になる。したがって、変調信号の振幅が大きければ変調波の振幅の変化も大きく、変調信号の振幅が小さければ変調波の振幅の変化も小さい。いま、図(a)のように搬送波の振幅をA、図(b)のように変調信号の振幅をBとすると、変調の深さを示すB/Aは通常、次式のように、変調度mとして百分率で表される。（百分率で表した変調度を変調率と呼ぶこともある。）

$$m=\frac{B}{A}\times 100\ 〔\%〕$$

この変調度mが100〔%〕以上になると、第5.8図に示すような変調波形となるが、この状態を過変調という。

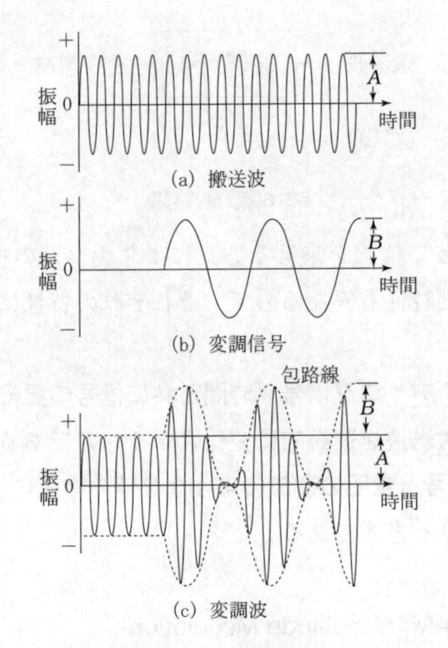

第5.7図　振幅変調

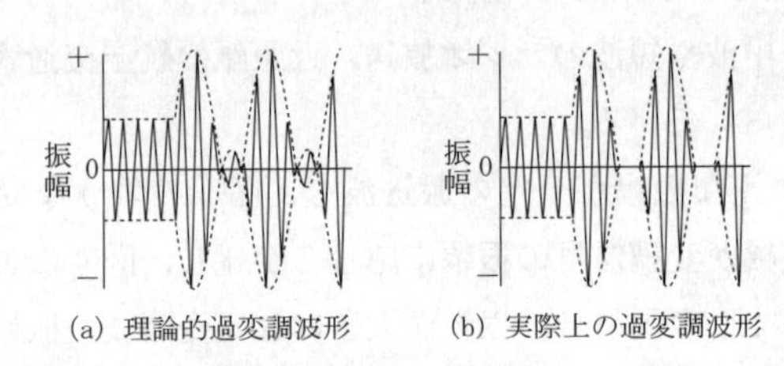

第5.8図　過変調のときの波形

過変調はひずみを生じ、占有周波数帯幅を広げるので好ましくない。

この占有周波数帯幅というのは、横軸に周波数、縦軸に振幅をとって発射電波の出力分布（この分布状況をスペクトルという。）を見たとき、発射電波のエネルギーがどれくらいの周波数範囲に広がっているかを表すものである。

いま、周波数がf_cの搬送波を、周波数がf_sの変調信号で振幅変調すると、変調波には第5.9図に示すようにf_cの搬送波の上下にf_c+f_s及びf_c-f_sの周波

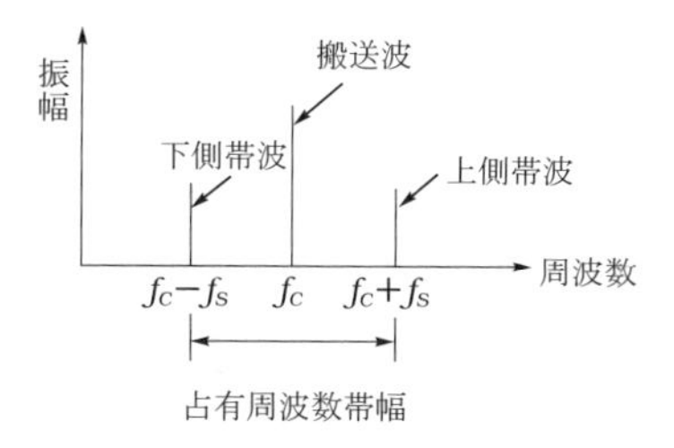

第5.9図　振幅変調波の周波数スペクトル

数成分が生じる。そしてf_c+f_sを上側帯波、f_c-f_sを下側帯波といい、

$$(f_c+f_s)-(f_c-f_s)=2f_s$$

が占有周波数帯幅となる。

変調信号が音声の場合は、第5.7図(b)のような単一波形でなく、変化の激しい複雑な波形で変調することになるので、変調波も変化の激しい複雑な波形になる。しかし、音声に含まれる周波数成分は、数10〔Hz〕から3000〔Hz〕までが主体であるから、第5.10図に示すように、搬送波$f_c\pm3$〔kHz〕の範囲内に分布すると考えればよく、このときの占有周波数帯幅は6〔kHz〕である。

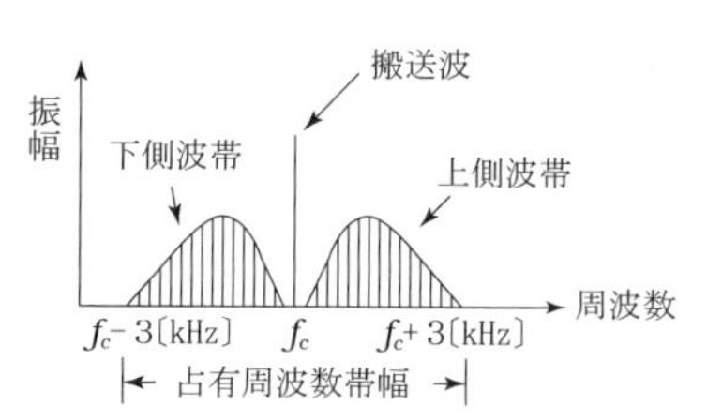

第5.10図　音声で振幅変調した場合の周波数スペクトル

このように、変調信号の成分は、上側波帯（USB：Upper Side Band）にも下側波帯（LSB：Lower Side Band）にも含まれている。上下両方の側波帯を伝送する方式が両側波帯（DSB）方式であり、電波法における電波の型式はA3Eである。

(2) SSB（Single Side Band）方式

USBもLSBも同じ内容の情報を含んでいるので、一方の側波帯を伝送すればよい。また、搬送波（キャリア）自身には情報が乗っていないので、搬送波も伝送する必要がない。搬送波の代わりに受信側での復調時に基準信号として搬送波相当の信号を注入すれば元の信号を復調できる。

このように、片側の側波帯のみを送ることで情報を相手に伝える方式は、SSBと呼ばれ、一部の船舶や航空機の遠距離通信で用いられている。なお、SSBによる無線電話は、占有周波数帯幅がDSBの半分の３〔kHz〕で済み、周波数利用効率が良い。電波法における電波の型式はＪ３Ｅである。

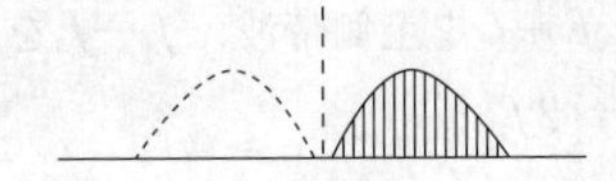

第5.11図　Ｊ３Ｅ波の周波数スペクトルの一例

5.3.3 周波数変調（FM：Frequency Modulation）

周波数変調（FM）は、第5.12図に示すように変調信号（この例では単一信号）で搬送波の周波数を偏移させる方式である。このため、同図が示すようにFM信号の振幅は一定となる。電波法における電波の型式はＦ３Ｅである。

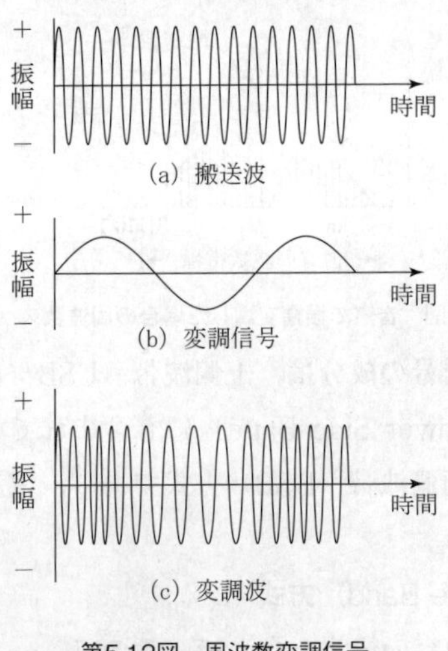

第5.12図　周波数変調信号

5.3.4　位相変調（PM：Phase Modulation）

位相変調（PM）は、音声信号などの変調信号で搬送波の位相を偏移させる方式である。PMは簡単な回路によってFMと同等な信号に変換でき、陸上移動体通信などで使用されている。

5.4　アナログ方式復調回路

5.4.1　概要

受信した信号（変調波）から目的とする信号を第5.13図に示すように取り出すのが復調であり、変調方式に合った復調回路が用いられる。

第5.13図　復調回路

例えば、AM波には搬送波の振幅の変化を信号として取り出すAM用の復調回路が必要であり、FM波には周波数の変化（偏移）を振幅の変化に変えて信号として取り出すFM用の復調回路が用いられる。

更に、アナログ変調信号にはアナログ方式に適した復調回路が用いられる。

5.5　デジタル方式変調及び復調回路

5.5.1　伝送信号

デジタル通信では、２進数の「０」と「１」の２値で表現される情報を電圧の有無または高低の電気信号に置き換えたベースバンド信号（Base band signal）として伝送する。ベースバンド信号には多種多様なものがあり、用途によって使い分けられる。基本的なものを第5.14図に示す。

NRZ（Non Return to Zero）は、パルス幅がタイムスロット幅に等しい符号形式で、高調波成分の含有率が小さく、所要帯域幅の点で有利であるため、無線系で用いられることが多い。ただし、同じ符号が連続するとシンボルとシンボルの境目が区別できなくなり、同期のタイミング抽出が難しくなる。また、０電位とプラス電位の２値の単極性（Unipolar）パルスの場合には、直流成分が生じるのでベースバンド信号を伝送するような有線系で使用されることは少ない。

RZ（Return to Zero）は、パルス幅がタイムスロット幅より短く途中で０電位に戻る符号形式で、シンボル期間中にゼロに戻るため同期が取りやすい。しかし、パルス幅が狭くなるので所要帯域幅が広くなる。

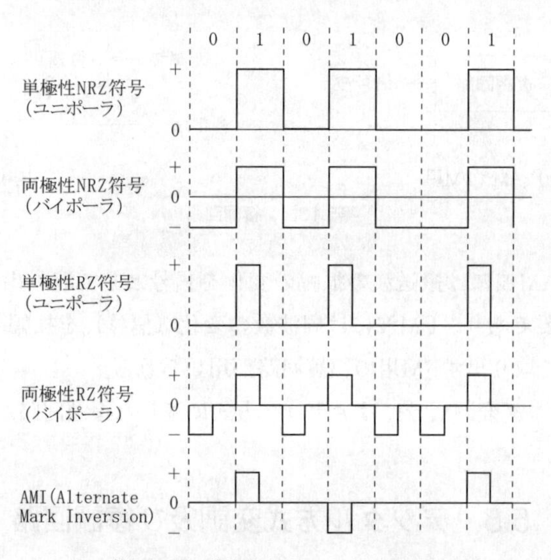

第5.14図　基本的なベースバンド信号

電子回路や有線系伝送路では、ベースバンド信号による直流成分の発生は好ましくないので、０電位を基準にプラス電位とマイナス電位で２値の「０」と「１」を表す両極性（Bipolar）を使用することが多い。

AMI（Alternate Mark Inversion）は、「１」が出る度に極性を変えるこ

とで同期を取りやすくし、更に直流や低周波成分を抑えたものであり、有線系で用いられることが多い。

5.5.2　デジタル変調

(1)　概要

デジタル変調は、第5.15図に示すように２進数の「０」と「１」の２値で表現されるベースバンド信号によって、搬送波の振幅、位相または周波数を変化させるものである。

搬送波への情報の乗せ方により特性が異なるので、用途に応じて適切な方式が用いられる。

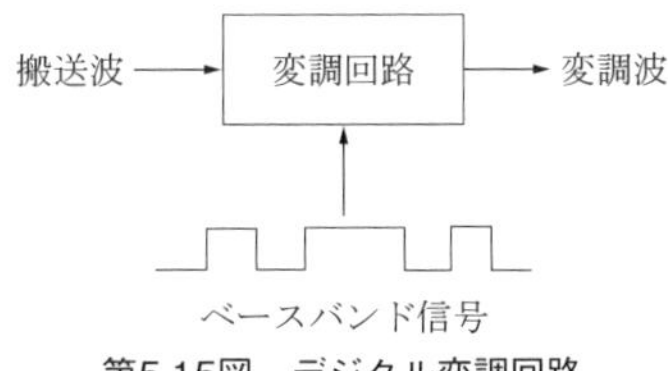

第5.15図　デジタル変調回路

(2)　種類

第5.16図は、２進数表現によるベースバンド信号「101101」によって１ビット単位でデジタル変調されたときのASK、FSK、PSKの概念図であり、変調方式による違いを示している。

(a)　ASK（Amplitude Shift Keying：振幅シフト変調）

ASKは、ベースバンド信号の「０」と「１」に応じて第5.16図(a)に示すように搬送波の振幅を切り換える方式である。

(b)　FSK（Frequency Shift Keying：周波数シフト変調）

FSKは、ベースバンド信号の「０」と「１」に応じて第5.16図(b)に示すように搬送波の周波数を切り換える方式である。この例では「０」と「１」に応じて搬送波の周波数がf_2とf_1に切り換わっている。占有周波数帯幅が広くなるが、効率の良いＣ級の電力増幅器を利用できる利点がある。

FSKの特別な状態（変調指数0.5）で周波数帯域幅を最小限に抑えられ

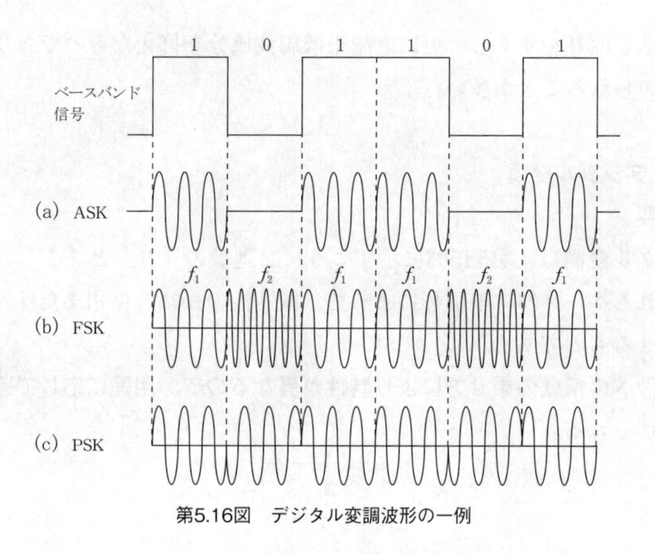

第5.16図　デジタル変調波形の一例

るMSK（Minimum Shift Keying）がタクシー無線などのデータ通信に用いられている。更に、４値の周波数を用いて１回の変調で２ビットの情報を送ることができる４値FSKが簡易無線などに適用されている。

MSKのサイドローブレベルをガウスフィルタ（Gaussian filter）によって抑え隣接チャネル干渉などを軽減するGMSK（Gaussian filtered MSK）も実用に供されている。

(c)　PSK（Phase Shift Keying：位相シフト変調）

PSKは、ベースバンド信号の「０」と「１」に応じて搬送波の位相を切り換える方式である。同図(c)に示した例は、位相が180度異なる２種類の搬送波に置き換えられるBPSK（Binary Phase Shift Keying）と呼ばれる方式である。BPSKは１回の変調（シンボル）で１ビットの情報を伝送できる。

しかし、１回の変調で１ビットの情報しか伝送できないBPSKは、データの伝送速度を速くすると占有周波数帯幅が広くなるので周波数の有効利用の点で好ましくない。このため、１回の変調で２ビットの情報を乗せることができるQPSK（Quadrature Phase Shift Keying）が用いられることが多い。QPSKは、第5.17図に示すように位相が90度異なる４種類の信号を用いて２ビットの情報を伝送することができる。

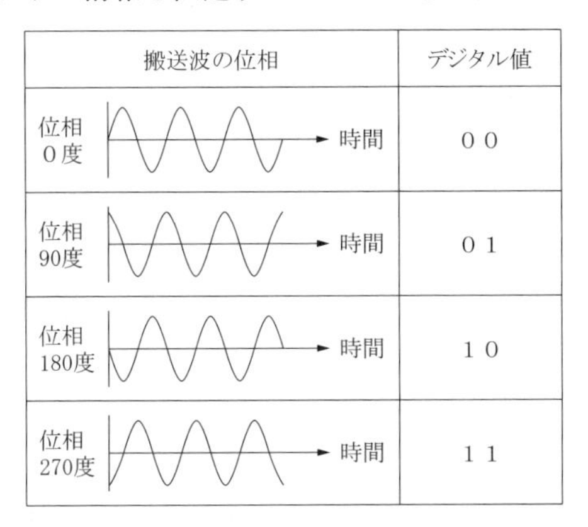

第5.17図　搬送波の位相とデジタル値の一例

例えば、２進数で示される８ビットの情報「00101101」を送る場合は、第5.18図に示すように、２ビットずつ順番に変調することになる。最初は、「００」であるから位相が０度の信号が送られる。そして、次の「１０」には180度ずれた位相の信号、更に、「１１」に対しては270度ずれた信号、最後は「０１」であるから90度ずれた信号が送られる。受信側では受信した信号を順番に復調し、位相を判定して復号する。

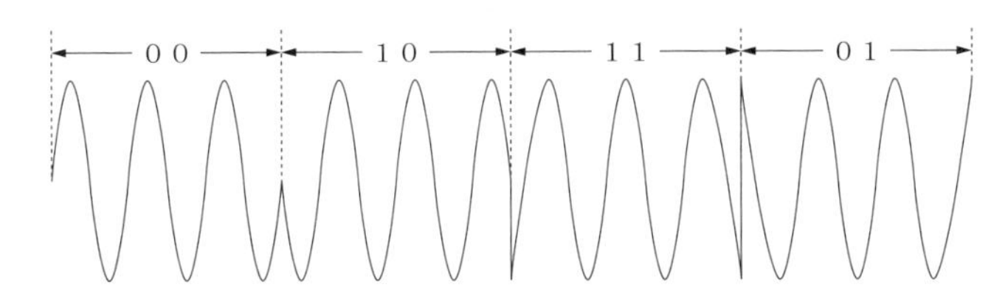

第5.18図　QPSKによる信号

QPSKは、国内のデジタル方式の陸上移動体通信、防災行政無線の「都道府県・市町村デジタル移動通信システム」、地上デジタルテレビ放送のワンセグ放送など広く用いられている。

更に、位相が45度異なる８種類の搬送波または信号を用いて情報を送るものは8PSKと呼ばれ、１回の変調で３ビットの情報を占有周波数帯幅の広がりを抑えて送ることができる。

(d) QAM（Quadrature Amplitude Modulation：直交振幅変調）

第5.16図には示されていないがQAMは、ベースバンド信号の「０」と「１」に応じて搬送波の振幅と位相を変化させる方式である。

例えば、直交する２組の４値AM信号によって生成される16通りの偏移を持つ信号で情報を伝送する変調方式を16QAMという。16QAMは１回の変調で４ビットの情報を伝送でき、防災行政無線の「市町村デジタル同報通信システム」、MCA、携帯電話の高速データ伝送モード、WiMAXなどで利用されている。

更に、直交する２組のAM信号によって生成される64通りの信号で情報を伝送する変調方式を64QAMという。64QAMは１回の変調で６ビットの情報を伝送することができ、地上デジタルテレビ放送の変調に用いられている。

なお、QAMは搬送波の振幅にも情報を乗せるので、受信電波の強さが瞬時に変わる移動体通信には不向きであるが、振幅の変動を補正する等化器の開発が進み、条件付であるが移動体通信でも利用されている。

5.5.3 復調

デジタル変調波からベースバンド信号を取り出すために用いられるのが復調回路である。この復調には、第5.19図に示すように搬送波再生回路で生成した基準信号と受信信号を乗算する同期検波方式と受信した信号を１ビット遅延させた信号を用いる遅延検波方式がある。なお、遅延検波は、回路が簡単であるため移動体通信に用いられることが多い。

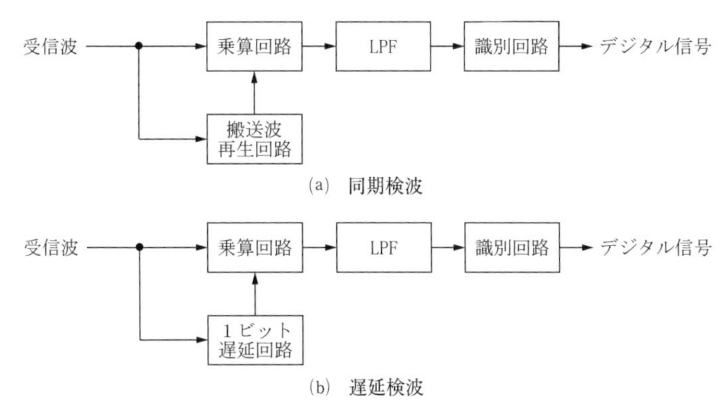

第5.19図　デジタル復調回路

5.5.4　変調方式とビット誤り率

デジタル化された情報を伝送しても、受信側で誤って符号判定されることがある。すなわち「0」を送ったのに「1」と判定される。逆に、「1」を送ったのに「0」と判定される誤りが発生する。一般的には受信機の雑音によってランダムに誤りが発生する。

なお、無線通信では、混信や雷などによって誤りが集中的に発生することがある。これをバースト誤りと呼んでいる。

デジタル伝送回線の品質を示すものとして、ビット誤り率（BER：Bit Error Rate）が用いられる。BERは、情報を送るために伝送した全てのビット数に対して受信側で誤って受信したビットの数として表される。例えば、1000ビットを送信した場合に受信側で1ビットの誤りが発生したとするとBERは1/1000となり、$\mathrm{BER}=10^{-3}$と表現される。

$$\mathrm{BER}=\frac{\text{誤った受信ビット数}}{\text{伝送した全ビット数}}$$

フェージングや干渉障害がない状態での復調器における搬送波電力対雑音電力比C/N値に対するBERの関係を第5.20図に示す。この図は多値化に伴って高いC/N値が必要であることを示している。

例えば、BER＝10^{-3}を得るための所要C/N値は、BPSKで7〔dB〕、QPSKでは10〔dB〕程度であるが、16QAMの場合には17〔dB〕程度、更に64QAMになると23〔dB〕程度と大きくなる。BERを維持するには送信電力の増強やアンテナの高利得化などが求められる。また、通信距離を短くすることでBERを満たすのも選択肢の一つである。

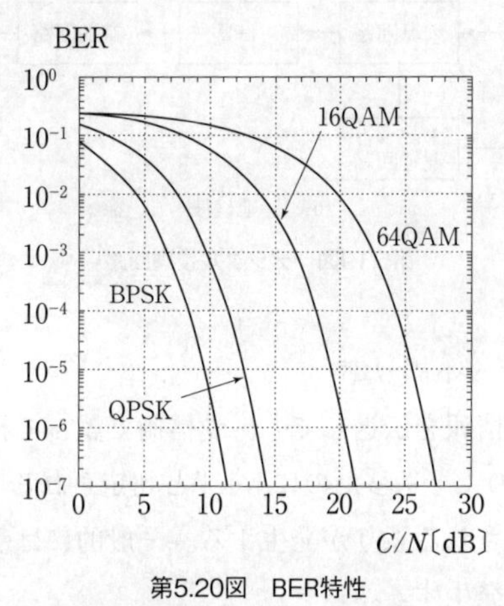

第5.20図　BER特性

移動体通信では無線局の移動に伴って受信電力が時々刻々変わるので、通信状態の良いときに多値変調による高速伝送を行い、状態が悪いときにはBPSKやQPSKに変更する適応変調方式が一部の分野で用いられている。

第6章　通信方式

6.1　概要

通信の送話と受話の方式として、送信中は受信ができない単信方式と電話のように送受信を同時に行う複信方式（同時送話方式）が用いられている。

6.2　単信方式

例えば、A局とB局による通信の場合、A局が送信中はB局が受信し、逆にB局が送信中はA局が受信することで交互に情報を伝えるのが単信方式である。この単信方式は、無線通信で広く利用されている。なお、送信と受信の切換操作は、マイクまたは遠隔装置（制御器）などに取り付けられているプレストークボタン（PTTボタン：Press To Talk）によって行われる。

6.3　複信方式（同時送話方式）

複信方式は、A局とB局が通信する場合、電話のように送話と受話が同時に行える通信方式である。携帯電話は複信方式によって運用されている。この方式は二つのチャネルを必要とするので、電話のように両者が同時に通話する必要がある場合に用いられることが多い。

複信には送信と受信に異なる周波数を用いるFDD（Frequency Division Duplex）と呼ばれる方式や一つの周波数で送信と受信の時間を分けるTDD（Time Division Duplex）方式がある。

メ モ ――――――――――――――――――――――――――――

第７章　多元接続方式

7.1　概要

ある決められた周波数帯域で複数のユーザが通信を行う際、周波数、時間、符号、空間などの違いを利用して、個々のユーザに通信回線を割り当てることを多元接続方式（アクセス方式）という。

7.2　FDMA（Frequency Division Multiple Access）

FDMA（Frequency Division Multiple Access：周波数分割多元接続）は、第7.1図に示すように、個々のユーザに使用チャネルとして周波数を個別に割り当てる方式である。

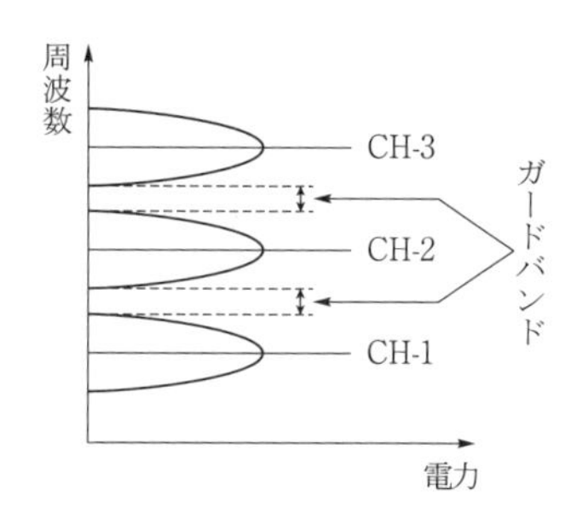

第7.1図　FDMAによる通信の概念図

各ユーザは自局に割り当てられた周波数で通信を行う。なお、FDMAでは電波干渉を防ぐため、チャネルとチャネルの間にガードバンドと呼ばれる緩衝周波数帯を設けている。

FDMAはアナログとデジタルの両方に対応でき、陸上移動体通信、海上移動体通信、衛星通信などで利用されている。

メモ

7.3　CDMA（Code Division Multiple Access）

CDMA（Code Division Multiple Access：符号分割多元接続）は、第7.2図に示すように個々のユーザに使用チャネルとして個別に信号のスペクトルを拡散し、広帯域化するための**拡散符号**（PN符号：Pseudo Noise）と呼ばれる特殊な符号を割り当てる方式である。

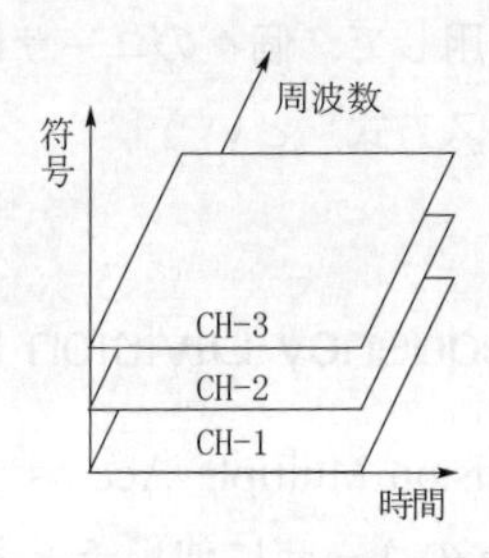

第7.2図　CDMAによる通信の概念図

各ユーザは一つの周波数を共有し、個別に割り当てられるPN符号を各チャネルのデジタル信号に乗算して周波数帯幅の広い電波を発射する。受信側では受信した信号に送信側で用いたものと同じPN符号で乗算する**逆拡散処理**を行うことにより各チャネルを識別してデータを取り出す。この逆拡散処理でPN符号が一致しない信号は雑音となる。

CDMAは、ハンドオーバ（端末の移動などに伴って通信する基地局を最適な局に切り換えること）がTDMAやFDMAに比べて容易で信頼性も高く、**秘匿性**に優れているので、携帯電話に適した方式である。また、CDMAは無線LAN（IEEE 802.11b）やGPSなどでも利用されている。

7.4　TDMA（Time Division Multiple Access）

TDMA（Time Division Multiple Access：時分割多元接続）は、第7.3図に示すように個々のユーザに使用チャネルとして極めて短い時間（タイムス

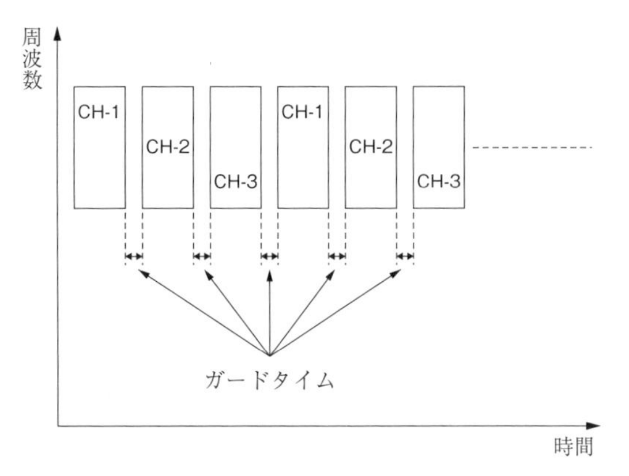

第7.3図　TDMAによる通信の概念図

ロット）を個別に割り当てる方式である。

各ユーザは一つの周波数を共有し、各局に割り当てられたスロットを順次使用して通信を行う。したがって、TDMAでは各チャネルの信号が同時に送信されることはない。なお、TDMAでは電波干渉を防ぐため、チャネルとチャネルの間にガードタイムと呼ばれる緩衝時間帯を設けている。

TDMAはデジタル陸上移動体通信、防災行政無線の「市町村デジタル同報通信システム」、衛星通信などで広く利用されている。

7.5　OFDMA
（Orthogonal Frequency Division Multiple Access）

OFDMA（Orthogonal Frequency Division Multiple Access：直交周波数分割多元接続）は、第7.4図のように個々のユーザに使用チャネルとして直交周波数関係にある複数のキャリアを個別に割り当てる方式（マルチキャリア方式）である。

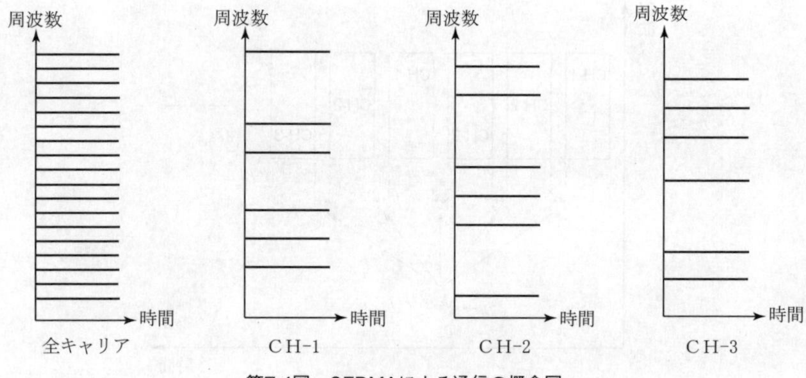

第7.4図　OFDMAによる通信の概念図

OFDMAは、第7.5図に示すようにデジタル変調した多数のキャリアのスペクトルが、干渉しない直交周波数分割多重（OFDM：Orthogonal Frequency Division Multiplexing）技術を利用する。OFDMでは各キャリアの変調スペクトルがゼロの点は、必ず隣接キャリアの周波数に一致する。よって、この周波数では隣接チャネルのエネルギーがゼロとなるので干渉は生じない。

OFDMAは、この干渉が生じない直交周波数配列されたキャリア群から、個々のユーザに使用チャネルとして多数のキャリアを割り当てることで多元接続を行う方式であり、WiMAX（Worldwide interoperability for Microwave Access)、4G携帯電話、Wi-Fi6（IEEE802.11ax）などで利用されている。

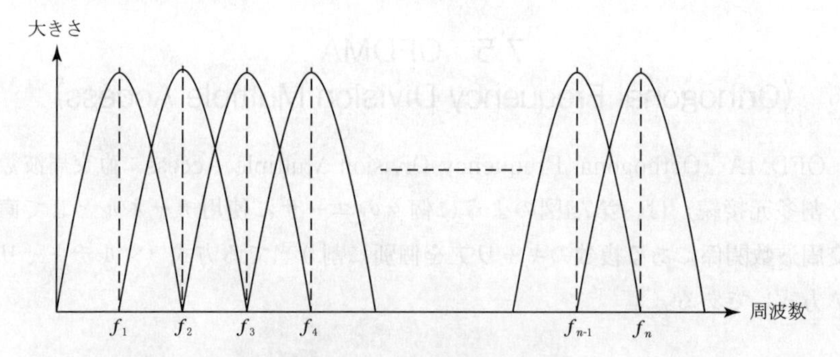

第7.5図　直交周波数配列の一例

第８章　無線通信装置

8.1　無線通信システムの基礎

8.1.1　概要

電波を利用して、音声や音響、映像、文字などの情報を離れた所に届けるのが無線通信であり、このために用いられるものが送受信機（トランシーバ）やアンテナなどから成る無線通信装置である。情報の送り方は、大きく分けるとアナログ方式とデジタル方式に分けられる。ここでは、無線通信システムの基礎的な事柄について簡単に述べる。

8.1.2　基本構成

一例として、基地局を中心とする陸上移動無線電話システムの構成概念図

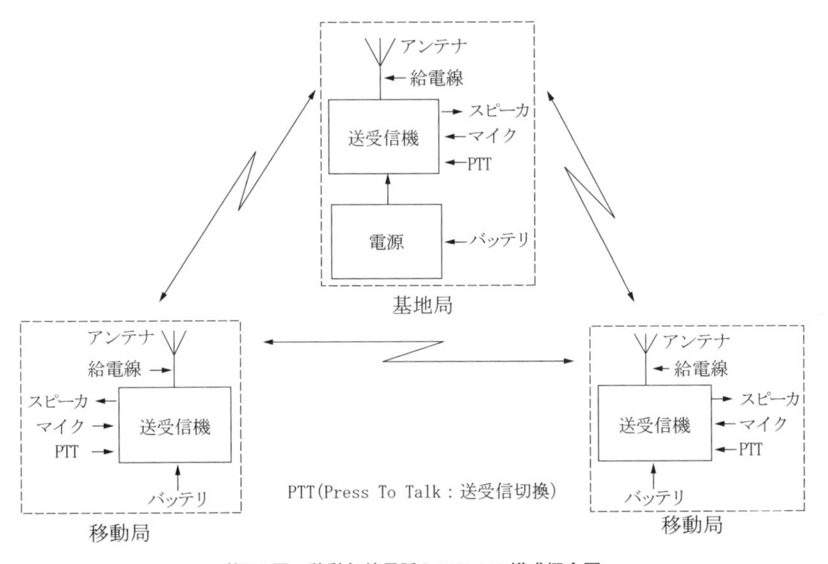

第8.1図　移動無線電話システムの構成概念図

メ モ

を第8.1図に示す。各無線局が使用する無線通信装置は、送受信機（トランシーバ）、電源（バッテリ）、マイク、スピーカ、アンテナ、給電線などから成る。

8.1.3 機能の概要

第8.1図に示す各装置の機能や役割は、概ね次のとおりである。

① 送受信機

システムの中心的な役割を担い、搬送波を音声信号などで変調し、更に増幅して強いエネルギーを作り出す送信機及び電波を受信し増幅と復調により音声信号などを取り出す受信機を一体にした装置。

② 電源

送受信機や周辺装置に必要な電力（主として直流）を供給する装置。

③ マイク

音声などを電気信号に変えるもの。

④ スピーカ

電気信号を音に変えるもの。

⑤ アンテナ

高周波電流を電波に変えて空間に放射し、また、空間の電波を捉えて高周波電流に変えるもの。

⑥ 給電線

高周波エネルギーを伝送する特殊な線（同軸ケーブルなど）であり、送受信機とアンテナ間を結ぶもの。

⑦ PTT（Press To Talk）

送信と受信を切り換えるために用いるスイッチ（ボタン）。

8.1.4 利用形態

(1) 業務の種類

無線電話は、有線電話のように伝送路が有線で固定されている通信と違って、伝送路が空間であることからどこにでも移動して、あるいは移動中に通信ができる大きな特徴をもち、第8.2図に示すように多様な形態で利用されている。

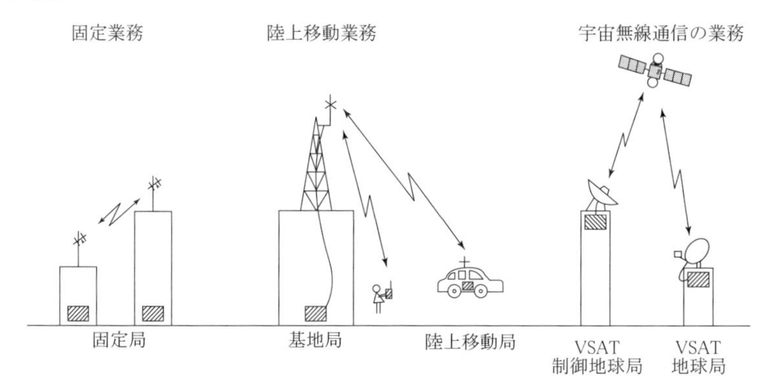

第8.2図　利用形態

陸上において、タクシー無線、MCA（マルチチャネルアクセス）無線のように移動しながら、あるいは不特定の地点へ移動し、停止して無線電話による通信を行う無線局を、陸上移動局という。このような陸上移動局と基地局の間、または陸上移動局相互間の無線通信業務を陸上移動業務という。

なお、陸上において、移動局を相手とする移動しない無線局には、基地局、携帯基地局、陸上移動中継局など（これらを総称して陸上局という。）があり、移動局と陸上局との通信及び移動局相互間の通信は移動業務と呼ばれる。

このほか、移動中または不特定の地点で停止中に通信を行う無線局（移動局）には、海上移動業務、航空移動業務等の無線局もある。一方、固定地点相互間で運用される無線局を固定局といい、その業務を固定業務という。また、VSAT衛星通信システム（宇宙局を経由してVSAT地球局（超小型地球局）とVSAT制御地球局（ハブ局）のネットワーク内で通信を行うシステム）による宇宙無線通信の業務がある。しかし、どのような業務であっても、多数の無線局が同一地域で同じ周波数の電波を同時に使用することはできないので、各業務別（例えば、陸上移動、携帯移動、固定、宇宙無線通信の業務など）及び通信系統（例えば、国、地方公共団体、鉄道、バス、電気事業、運輸、タクシー業務など）毎に、それぞれ使用する電波の周波数が割り当てられている。

空間には、常時多数の電波が放射されており、特に人命の安全のための通信をはじめ、重要な通信が行われているので、電波を使用する者は電波に関する相応の知識を有しているとともに、混信妨害を与えることがないように心がけなければならない。また、電波には、特有のいろいろな性質があるので、利用する業務または利用方法などに適した無線設備を使用する必要がある。

⑵　使用する電波の型式及び周波数

アナログ方式の無線電話で使用する電波の型式には、次のものがある。

Ａ３Ｅ……振幅変調（AM）の無線電話で、両側波帯を使用するもの

Ｊ３Ｅ……振幅変調（AM）の無線電話で、抑圧搬送波の単側波帯を使用するもの

注：通常上側の側波帯が用いられる。

Ｆ３Ｅ……周波数変調（FM）の無線電話

また、多重通信に使用する電波の型式には、次のものがある。

Ｇ９Ｗ……アナログ信号とデジタル信号の複合情報

Ｇ７Ｗ……デジタル信号の多重化情報

AM方式の無線電話で使用される周波数帯には、中短波帯の1606.5〔kHz〕から４〔MHz〕までと、27〔MHz〕帯の26.1〔MHz〕から28.0〔MHz〕までがある。これらの周波数を使用するAM方式の無線電話は、原則としてSSB（単側波帯）方式を使用することになっている。また、FM方式の無線電話は、VHF帯以上で広く使用されている。

なお、VSAT衛星通信システムには、14/12〔GHz〕帯と30/20〔GHz〕帯が用いられている。

8.2　アナログ方式無線通信装置

8.2.1　概要

アナログFM無線電話は、占有周波数帯幅がAMと比べて広いが、FMの利点を生かして、一部の陸上や海上移動通信で用いられている。

8.2.2　FM方式の特徴

一般に、FM方式にはAM方式と比較して次のような特徴がある。

① 振幅性の雑音に強い。
② 音質が良い（受信出力の信号対雑音比が良い）。
③ 占有周波数帯幅が広い。
④ C級増幅器を利用することができるので電力効率が良い。
⑤ 受信電波の強さがある程度変わっても受信機の出力は変わらない。
⑥ 装置の回路構成が多少複雑である。

8.2.3　構成

アナログ方式によるFM無線電話送受信装置は、第8.3図に示す構成概念図のように受信部、送信部、周波数シンセサイザ（局部発振器）、送受信切換器、アンテナ、マイク、スピーカなどから成る。

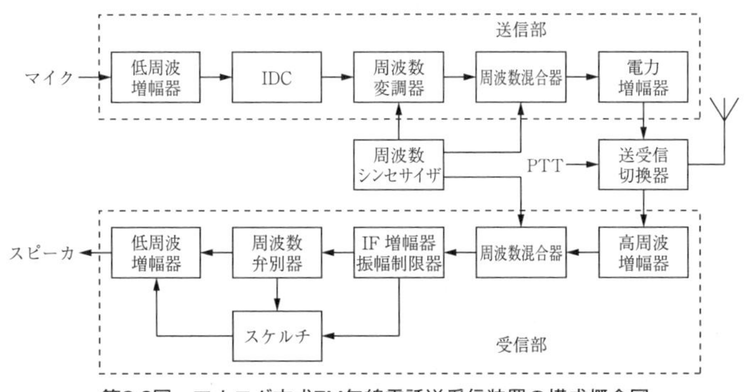

第8.3図　アナログ方式FM無線電話送受信装置の構成概念図

8.2.4 動作の概要

この装置内の信号の流れを簡単に述べる。

(1) 送信部

オペレータの声は、マイクによって電気信号（音声信号）に変えられ、低周波増幅器（アンプ）で増幅されてIDC回路（Instantaneous Deviation Control：瞬時偏移制御）に加えられる。IDC回路は、声が大きくなっても周波数偏移が一定値以上に広がらないように制御し、占有周波数帯幅を許容値内に維持し、隣接チャネルへの干渉を防ぐものである。このIDCの出力で周波数シンセサイザ（局部発振器）で作られた搬送波（キャリア）を周波数変調して中間周波数（IF：Intermediate Frequency）のFM信号が生成される。そして、このIF信号は、周波数混合器において周波数シンセサイザ（局部発振器）で作られた高周波信号によって目的の周波数に変換され、電力増幅器に加えられる。この電力増幅器で規格の電力値を満たした信号は、送受信切換器を介して同軸ケーブルでアンテナに加えられ電波として放射される。

(2) 受信部

アンテナで捉えられた受信信号は、送受信切換器を介して受信部に加えられ、低雑音の高周波増幅器で増幅され、周波数混合器に加えられ周波数シンセサイザ（局部発振器）で作られた高周波信号によって中間周波数（IF）に変換される。このIF増幅器で十分に増幅された信号は、雑音の原因となる振幅成分が振幅制限器で取り除かれた後に、周波数弁別器に加えられる。周波数弁別器で取り出された音声信号は、低周波増幅器（オーディオアンプ）で増幅され、スピーカやヘッドホーンから音として出力される。

(3) プリエンファシスとデエンファシス

我々が通常耳にする音声の周波数分布は第8.4図(a)のように、400〔Hz〕付近で最も振幅が大きくなっている。一方、FM受信機で検波された雑音出力電圧は、同図(b)のように、周波数に比例する。この雑音電圧の分布は零から一定の周波数f_nまでを考えると三角形になるため、三角雑音という。このため、この状態のまま信号を送受信すると、約400〔Hz〕以上の周波数では

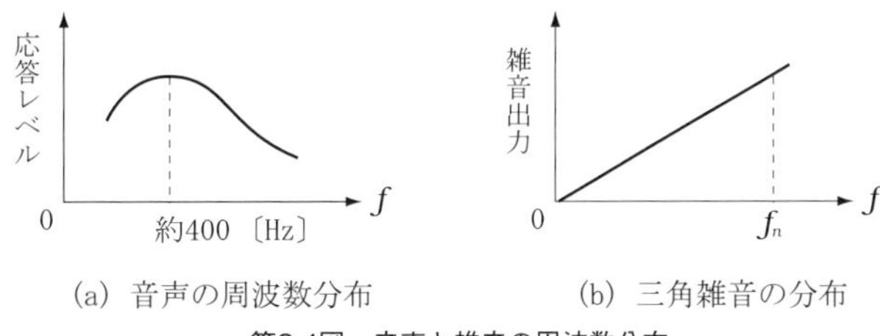

(a) 音声の周波数分布　(b) 三角雑音の分布

第8.4図　音声と雑音の周波数分布

周波数が高くなるのに伴ってS/Nが悪くなることが分かる。この現象を防ぐために、送信側であらかじめ信号波の周波数分布を高域で強調して送信する。この強調する操作をプリエンファシス（pre-emphasis）という。受信側ではこれと逆特性の回路で元の周波数分布に戻す。これを、デエンファシス（de-emphasis）という。

⑷　スケルチ回路

受信機入力が無いとき、または非常に小さいときは大きな雑音が出力され、受信者に不快感を与える。これを防止するために、低周波増幅器の機能を停止させ雑音出力を抑制する。このための回路をスケルチ回路という。

⑸　選択呼出装置

一つの無線チャネルを使用する基地局に多数の移動局が属して運用される場合、希望する移動局だけを呼び出すために、選択呼出装置（セルコール）が用いられる。

8.2.5　受信機の条件

送受信機の受信部（受信機）は、次に示す条件を備えることが求められる。

①　感度が良いこと。

感度とは、どの程度の弱い電波を受信して信号を復調できるかを示す能力。

②　選択度がよいこと。

選択度とは、多数の電波の中から目的の電波のみを選び出す能力。

③　安定度が良いこと。

安定度とは、再調整を行わずに一定の出力が得られる能力。

④　忠実度が良いこと。

忠実度とは、送られた情報を受信側で忠実に再現できる能力。

⑤　内部雑音が少ないこと。

内部雑音とは、受信機の内部で発生する雑音のことである。

8.2.6　送信機の条件

無線局から発射される電波は、電波法で定める電波の質に合致しなければならない。そして、送受信機の送信部（送信機）は、次に示す条件を備えることが求められる。

①　送信される電波の周波数は正確かつ安定していること。

②　占有周波数帯幅が決められた許容値内であること。

③　スプリアス（高調波、低調波、寄生発射など）は、その強度が許容値内であること。

④　送信機からアンテナ系に供給される電力は、安定かつ適切であること。

8.2.7　取扱方法

(1)　操作手順

無線局の運用に携わる者は、技術基準に適合する無線通信装置を正しく使用しなければならない。特に、誤った操作により他の通信に妨害を与えることがないよう注意する必要がある。

一般に、無線装置の取扱いは、その装置を製造した会社や無線局で制定した取扱説明書（マニュアル）に従って行われる。ここでは、一般的な事柄について簡単に述べる。

①　最初に、送受信機、周辺機器、電源、マイクなどが正しく接続され、調整つまみなどが通常の状態や位置になっていることを確認する。

②　異常がないことを確認した後に、電源スイッチを「ON」にして電源

表示器（パイロットランプ）が点灯することを確かめ、音量つまみを調整し、適切な音量にセットする。チャネル切換で運用チャネルにセットする。

③　送信する場合は、あらかじめ当該周波数（チャネル）及び必要な周波数（チャネル）を聴守し、他の通信に混信などの妨害を与えないことを確認する。次に、プレストークボタン（PTTスイッチ）を押すとアンテナが送信機に接続され送信状態になるので、送信表示部を確かめた後

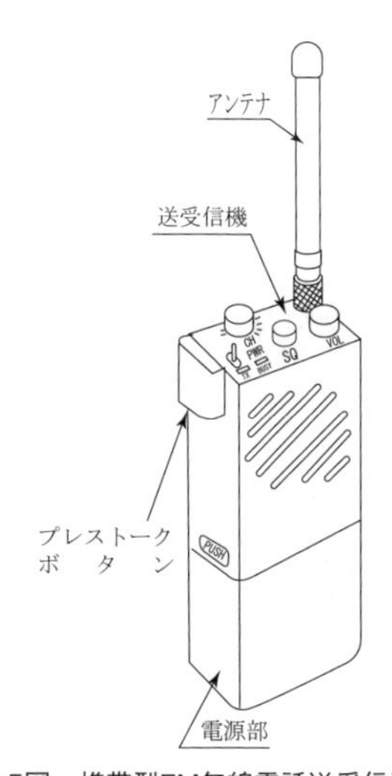

第8.5図　携帯型FM無線電話送受信装置

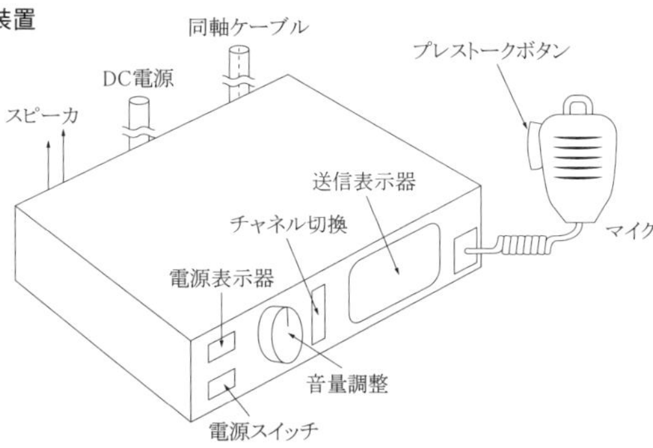

第8.6図　車載型FM無線電話送受信装置

に送話する。この際、マイクと口との間隔や声の大きさに注意する。

④　送話が終了すれば、直ちにプレストークボタン（PTTスイッチ）を元に戻し、送信を終え、受信状態にして相手の通話を聞きとり、必要に応じて通信を継続する。

⑵　プレストークボタン

プレストークボタン（PTTスイッチ）は、送信と受信を切り換えるために用いられるボタンまたはスイッチで、マイクに取り付けられていることが多い。なお、規模の大きな基地局では専用のスイッチが使用されることもある。このプレストークボタンを押すと送信状態、放すと受信に戻る。プレストークボタン付きマイクの例を写真8.1に示す。

同(a)はハンドマイクであり、同(b)はスタンドマイクの例である。

(a)　ハンドマイク

(b)　スタンドマイク

写真8.1　プレストークボタン付きのマイクの例

8.3　デジタル方式無線通信装置

8.3.1　概要

半導体の開発とコンピュータ技術の発展によって無線通信の分野もデジタル化が進み、陸上移動体通信、地上デジタルテレビ放送、携帯電話、防災行政無線など多くの分野にデジタル無線技術が導入されている。

デジタル無線通信では、２進数の「０」と「１」の２値で表現される情報を電圧の有無または高低の電気信号に置き換えた第8.7図に示すようなデジタル信号（ベースバンド信号）で搬送波を変調するデジタル変調が用いられている。

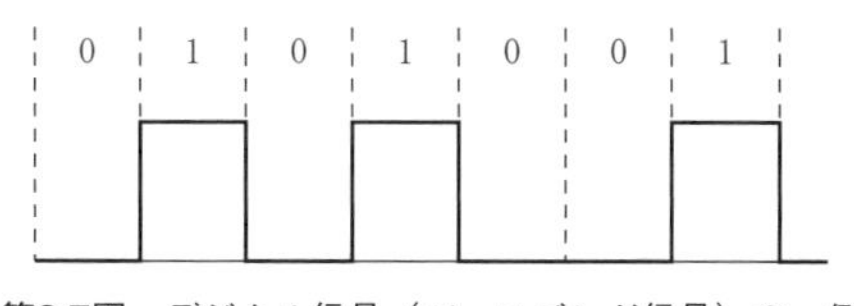

第8.7図　デジタル信号（ベースバンド信号）の一例

音声をマイクで電気信号にすると、連続した信号（アナログ信号）となる。このアナログ信号を「０」と「１」の符号化された不連続のパルス信号に変換したのがデジタル信号である。

デジタル信号化するには、先ず、アナログ信号の振幅を一定周期で標本値として取り出す。これを**標本化**または**サンプリング**という。

標本化で取り出されたパルスの大きさ（標本値）を区切りのよい値で表現するために、四捨五入して最も近いレベルに近似化し、階段状の値に置き換える。これを**量子化**という。量子化の程度は、放送、通信、CDなど信号の特性や伝送路の種別などで決まる。量子化された信号の振幅値を２進数の「０」と「１」の組み合わせのパルス列に変換する。これを**符号化**という。この一連の動作を**アナログ／デジタル変換（Ａ／Ｄ変換）**という。

このようにして、デジタル信号に変換された信号（PCM信号）により搬送波をデジタル変調し、デジタル電波として送信される。一方、受信機側では、復調器によりPCM信号を取り出し、**デジタル／アナログ変換（Ｄ／Ａ変換）**により**復号化**を行い、階段状の信号波を得る。この階段状の信号波をローパスフィルタ（低域通過フィルタ）を通すことによって波形を滑らかにし、アナログ信号として復元した後に増幅を行いスピーカより音として出している。

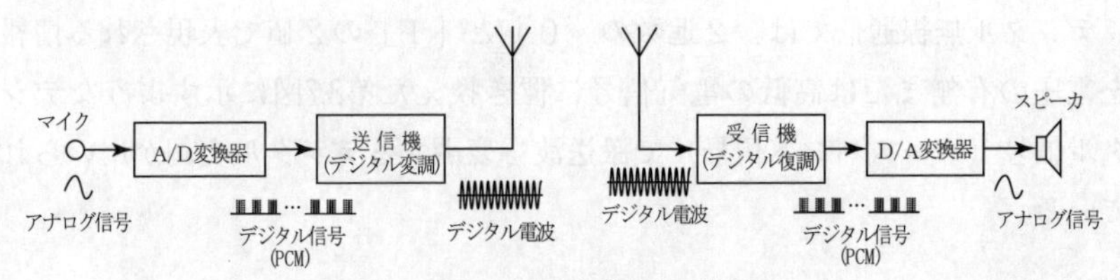

第8.8図　デジタル無線通信の概念図

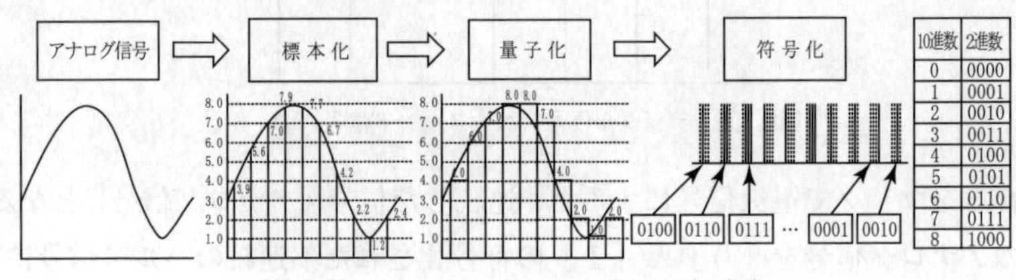

10進数	2進数
0	0000
1	0001
2	0010
3	0011
4	0100
5	0101
6	0110
7	0111
8	1000

第8.9図　アナログ／デジタル（A／D）変換

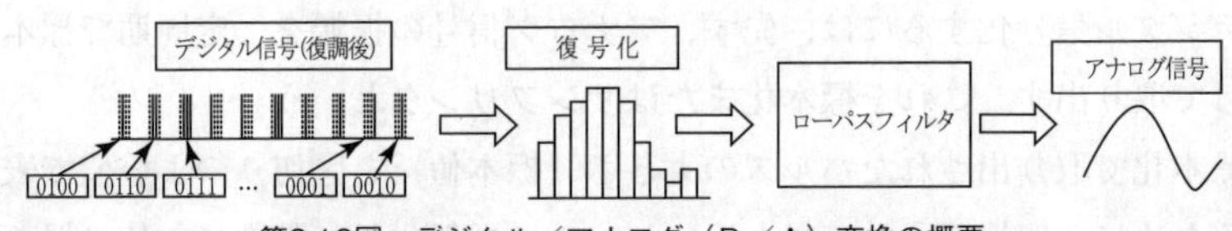

第8.10図　デジタル／アナログ（D／A）変換の概要

8.3.2　デジタル方式の特徴

デジタル方式は、アナログ方式と比べると次のような特徴を有している。

【長所】

① 雑音に強く、信号誤りが起きにくい。
② 受信側で誤り検出・誤り訂正を行うことができる。
③ 必要な回路のIC化が容易であり、信頼性、安定性などに優れている。
④ ネットワークやコンピュータなどとの親和性が良い。
⑤ 特性などの変更をプログラムの変更で対応することが可能である。
⑥ 情報の多重化が容易である。

【短所】

① 信号処理などによる遅延が生じる。

② 信号レベルがある値（しきい値）より低下すると通信品質が急激に悪くなる。（ダイバーシティ受信など工夫が必要）

③ 装置が複雑化する。

8.3.3 基本構成

一般的なデジタル無線送受信装置は、第8.11図に示す構成概念図のように送信装置、受信装置、分波器、アンテナ、データ端末装置などから成る。

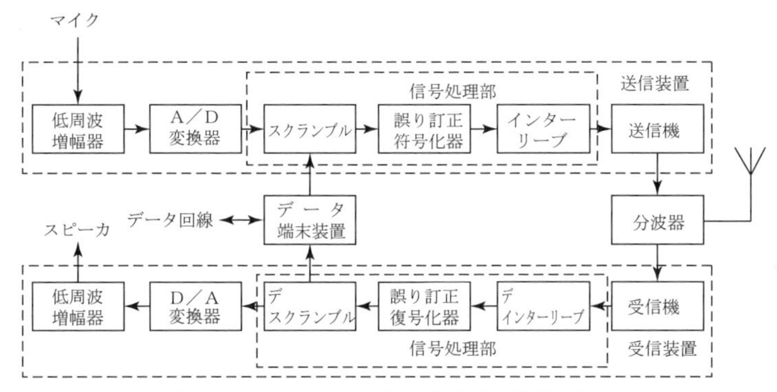

第8.11図　デジタル無線送受信装置の構成概念図

8.3.4 動作の概要

ここで、送信装置と受信装置内の信号の流れについて、簡単に述べる。

(1) 送信装置

送信側では、音声信号のようなアナログ信号は、A/D変換器などで２進数の「０」と「１」に対応する電気信号であるデジタル信号に変換される。そして、この変換されたデジタル信号やデータ端末装置からのデジタル信号は、相手の無線局で「０」と「１」を誤って判定されることを防止するため、信号処理部においてデジタル信号の並び換えや誤り訂正用の符号が付加された後並び換え、送信機に加えられる。

送信機では、変調によってデジタル信号が高周波信号に乗せられる。そして、この変調された高周波信号は、規格の電力値にまで増幅され、分波器を介して同軸ケーブルでアンテナに加えられ電波として放射される。

⑵ 受信装置

アンテナで捉えられた受信信号は、分波器を介して受信機に加えられて復調される。復調されたデジタル信号は、信号処理部において、送信側で行われた符号列の並び換えが元に戻され、誤り訂正された後に受信データとして端末装置に出力される。なお、一部のデータは、データ回線で離れた場所の端末装置などに送られる。

音声信号については、D/A変換器などでアナログ信号に戻され、低周波増幅器で増幅され、スピーカより音として出される。

⑶ 分波器

分波器は、送信と受信に異なる周波数を用い、アンテナを送受信に共用する場合に必要となるもので、送信機からアンテナに送り出される送信信号の経路とアンテナで捉えられた受信信号を受信機に導く経路を分離する役割を担っている。

8.3.5 信号処理

デジタル方式無線通信装置ではデジタル信号が誤って伝わることを防ぐために、送信側においてデジタル信号の並び換えや符号の付加などの信号処理を行い、受信側で元に戻す並び換えや誤り訂正などの信号処理を行うことにより通信品質や信頼性を向上させている。

⑴ 送信側の信号処理

送信側では次のような信号処理が行われる。

① スクランブル

スクランブルとは、同じ符号が連続した信号の同期を取りやすくし、更に秘匿性を確保するため、「0」と「1」の配列をランダム化すること。なお、スクランブルにより「0」と「1」の配列が均等化されると、送受信機の負担が均等化されるので信頼性が向上する。

② 誤り訂正符号化

誤り訂正符号化とは、データ伝送において誤りの発生を少なくするために、受信側で符号の誤り検出と誤り訂正が行えるように送信側において、伝送するデータを加工することである。一般に、誤り訂正符号化を行うと、本来のデータに冗長ビットが付加されるので、伝送するデータ長が長くなる。

③　インターリーブ

インターリーブとは、データの送り出す順序を変える信号処理のことである。空間を伝送媒体として利用する場合は、雑音や空電などによってバースト誤り（集中的に発生する誤り）が生じやすい。このバースト誤りをランダムに換えることを目的として、データの順序を変えて送り出し、受信側で受信データを並び換えて元に戻す手法が用いられる。

⑵　受信側の信号処理

受信側では次のような信号処理が行われる。

①　デインターリーブ

送信側で行われたインターリーブを元に戻す信号処理

②　誤り訂正復号化

受信したデジタル信号の誤りを検出し、その誤りを訂正する信号処理

③　デスクランブル

送信側で行われたスクランブルを元に戻す信号処理

8.4　固定無線通信装置

8.4.1　マイクロ波多重無線通信装置

⑴　概要

多数のチャネルの信号をチャネル毎の送信機で伝送し、チャネル毎の受信機で受信したのでは効率が悪く不経済である。そこで、多数のチャネル信号を一つに束ねて1台の送信機で効率よく送り、1台の受信機で受け取り、各チャネルに分割する多重通信が行われる。

次のような多重方式が用いられることが多い。

① 周波数分割多重方式（FDM：Frequency Division Multiplex）

各チャネルを干渉が起きないように一定の周波数間隔で並べて多重する方式である。簡単でアナログとデジタルの両方に対応可能であるが、相互変調ひずみ（第12章参照）の影響を受けやすいので、直線性の優れた増幅器を用いる必要がある。

② 時分割多重方式（TDM：Time Division Multiplex System）

各チャネルの使用時間を短く分割して多重する方式であり、デジタル通信に適している。全チャネルが同時に使用されることがないので、相互変調ひずみ（IMD）が発生しない。また、パケット伝送などにも利用でき多様性に優れている。デジタル陸上移動体通信や衛星通信で使用されている。

③ 符号分割多重方式（CDM：Code Division Multiplex System）

チャネル別の拡散符号（PN符号）によりスペクトルを拡散し、広帯域信号として多重する方式である。受信側でチャネル信号で抽出するためには送信時に用いた拡散符号（PN符号）と同じPN符号で乗算する逆拡散を行う必要があるので秘話性が優れている。

④ 直交周波数分割多重方式（OFDM：Orthogonal Frequency Division Multiplexing）

OFDMは相互に干渉しない直交する多数のキャリアを用いて周波数軸上で分散して多重するもので、相互変調ひずみ（IMD）の影響を受けやすい欠点を有しているが、遅延波（マルチパス）に強い方式である。

このように多重された信号でキャリアを変調すると発射電波の占有周波数帯幅が非常に広くなることが多いので、一般に多重信号の伝送にはマイクロ波が用いられる。

⑵ 基本構成

マイクロ波多重無線装置は、第8.12図に示す構成概念図のように信号処理及び送信信号の多重化と受信信号のチャネル分離を行う端局装置、変復調と周波数変換や増幅を行うマイクロ波送受信機、そしてアンテナなどから成る。

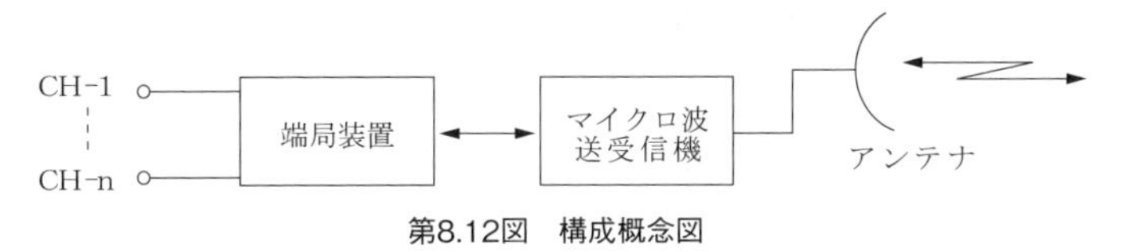

第8.12図　構成概念図

⑶　動作の概要

端局装置では、端末装置からの信号をFEC（誤り訂正のための信号処理）やARQ（自動再送要求のための信号処理）による符号の誤り制御、インターリーブとデインターリーブによる信号の並び換え、「０」と「１」の配列をランダム化するスクランブルとデスクランブルなどの信号処理が行われる。

更に、重要な役割である送信信号の多重化と受信信号のチャネル分離及び複合が行われる。

マイクロ波送受機の送信機は、変調、周波数変換、電力増幅、そして、高調波やスプリアスなどの不要成分の抑圧を行い、得られたマイクロ波信号を給電線に供給する。

一方、パラボラアンテナなどで捉えられたマイクロ波多重信号は、受信機で増幅され復調器によりベースバンド信号に変えられ、端局装置へ送られる。

8.4.2　PCM（Pulse Code Modulation）通信装置

⑴　概要

PCMは第8.13図に示すようにアナログ信号をデジタル信号化して伝送し、

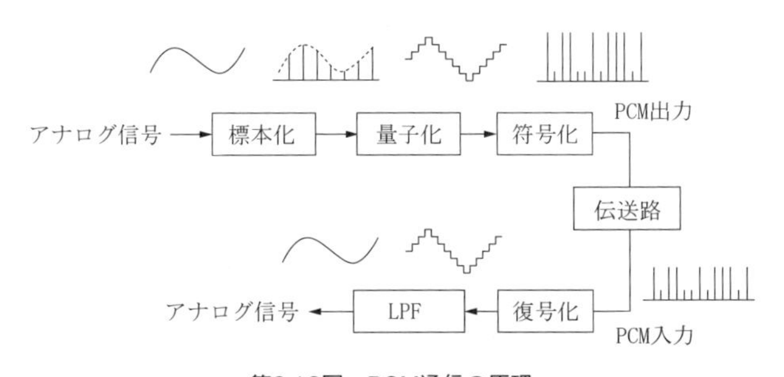

第8.13図　PCM通信の原理

受信側でアナログ信号に戻す方式である。すなわち、決められた短い時間間隔でアナログ信号の振幅の大きさを切り出す標本化、標本化により生成されたPAM（Pulse Amplitude Modulation）信号を決められたレベルに近似化する量子化、そして、量子化された階段状信号を８ビットのデジタル信号に置き換える符号化を経て伝送路へ送り出される。受信側では送信側と逆の順序により復号し、得られた階段状の信号を低域通過フィルタ（LPF）で平滑化することにより元のアナログ信号を再生する。

⑵　標本化（Sampling）

原信号の振幅を第8.14図に示すように一定周期で取り出しPAM信号を生成することを標本化またはサンプリングと呼び、この周期は標本化周期と呼ばれている。

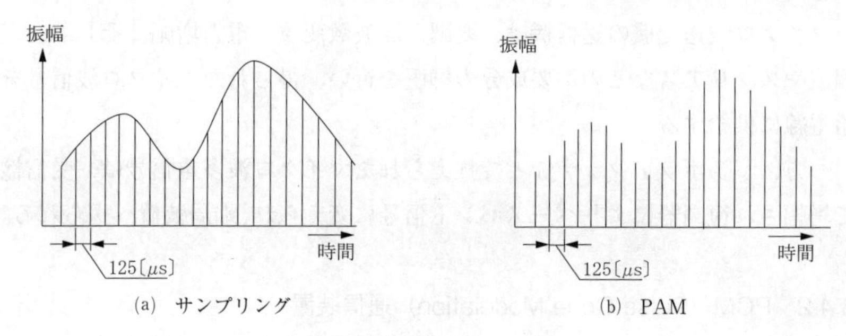

第8.14図　標本化の概念図

電話の音声信号では帯域が300～3400〔Hz〕に制限されている。したがって、サンプリング周波数は、シャノンの標本化定理※から原理的に音声信号の最高周波数の２倍の6.8〔kHz〕でよいが、余裕をみて８〔kHz〕とすることが多い。よって、標本化周期は1/8000＝125〔μs〕となる。なお、サンプリング周波数は、放送、通信、音楽、など所望特性や許容される周波数帯幅などにより異なった値が用いられている。また、原信号に高い周波数成分が含まれていると、折り返し雑音と呼ばれる雑音が発生することから、標本化回路の入力段にLPFを設けて高い周波数成分を取り除いている。

※　シャノンの標本化定理：信号の最高周波数の2倍以上の周波数でサンプリングすれば元の信号を再現することができるという定理。

(3) 量子化（Quantization）

サンプリングにより取り込まれた振幅値は、決められた値に近似化されて階段状の値に置き換えられる。これを**量子化**という。近似化の程度は、求められる特性や使用できるビット数によって異なる。

量子化信号は、第8.15図に示すように階段状の波形となり振幅値に誤差（量子化誤差）が生じる。これは量子化雑音とも呼ばれている。

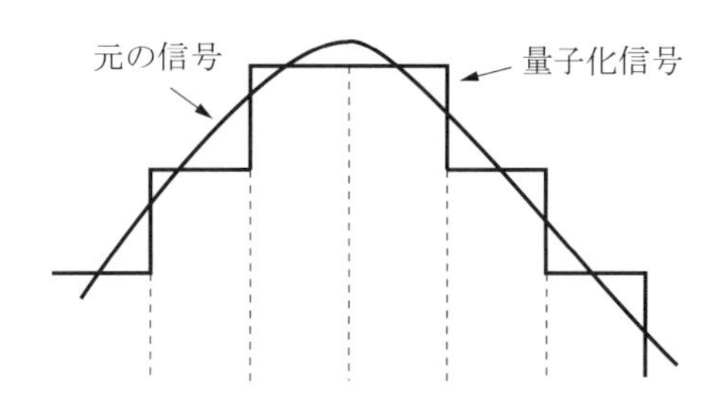

第8.15図　量子化誤差

(4) 符号化（Coding）

一般に、量子化信号の振幅値を２進数の「０」と「１」の組み合わせで表現し、第8.16図に示すようなパルス列に変換することを**符号化**と呼んでいる。電話の音声信号の場合は、８ビットの符号に変換されることが多い。なお、量子化と符号化の機能を備える**A/D変換器**が広く用いられている。

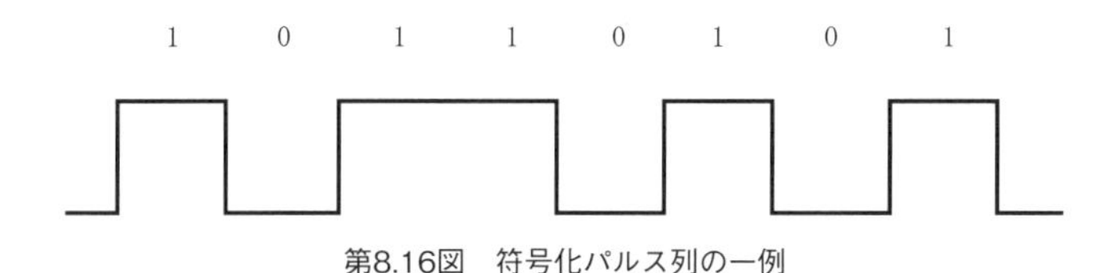

第8.16図　符号化パルス列の一例

(5) 復号化（D／A変換）

受信側では、デジタル信号をアナログ信号に戻す第１段階として、D/A変換器（Digital to Analog Converter）によって階段状の信号に変換する復号化が行われる。

(6) LPF（Low Pass Filter）

D/A変換により得られた階段状の信号をLPFに通すと、階段状の部分が平滑され元のアナログ信号が復元される。このLPFの特性は、アナログ信号化する際の重要な要素である。

(7) 多重化

PCM電話では第8.17図に示すように、音声信号は125〔μs〕間隔でサンプリングされる。そして、125〔μs〕間隔内に他のパルスは存在しない。この時間を利用して他のチャネルの信号を挿入することができる。

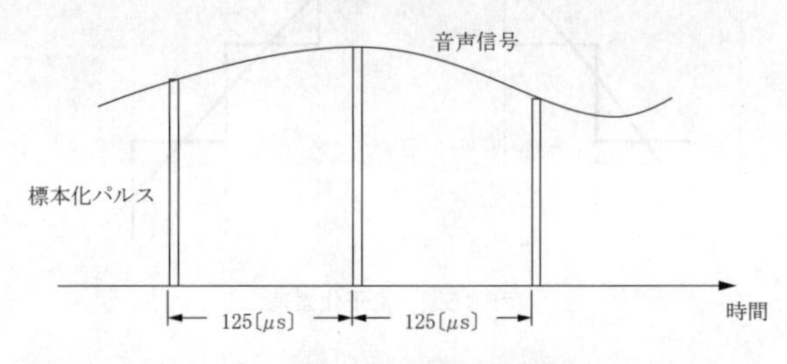

第8.17図　PCMの標本化周期

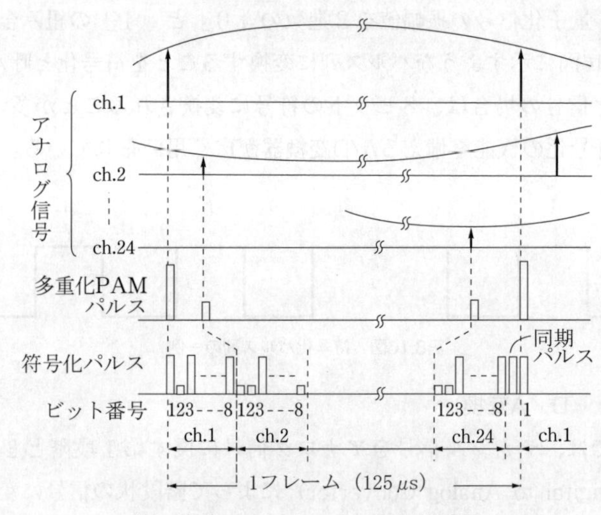

第8.18図　24チャネルPCM多重の概念図

そこで、第8.18図に示すようにデジタル信号化された他のチャネルの音声信号を時間的にずらして配列させるのがPCM時分割多重である。

(8) PCM多重無線電話装置

PCM時分割多重された信号の伝送に用いられるPCM多重無線電話装置は、第8.19図に示すように端局装置、マイクロ波送受信装置、アンテナなどから成る。

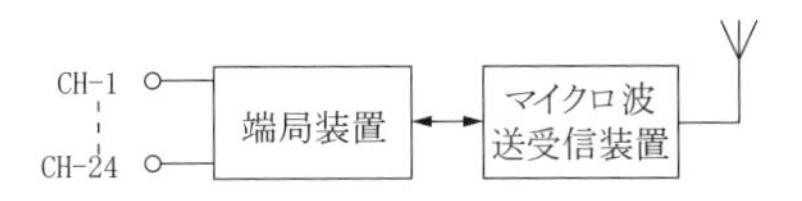

第8.19図　PCM多重無線装置の構成概念図

端局装置で生成されたPCM多重信号は、マイクロ波送受装置の送信部に加えられる。そして、変調と電力増幅が行われ電波としてアンテナから放射される。一方、受信信号は、マイクロ波送受装置の受信部で復調され、端局装置へ送られる。端局装置は、多重されている各チャネルの信号を分離しD/A変換した後、LPFで元の信号に戻して出力する。

(9) PCMの特徴

PCMの特徴は次のとおりである。

① 受信機の入力端のS/Nが規定値以上であれば、出力端のS/Nは良好に維持される。

② 再生中継方式（中継局で受信波を復調し、信号処理後に再び変調を行い再発射する方式）では、雑音やひずみが相加されないので多段中継での品質劣化が少ない。

③ 漏話による雑音やフェージングの影響が少なく安定で信号の劣化に強い。

④ 占有周波数帯幅が広い。

8.5　移動体無線通信装置

8.5.1　TDMA方式移動体無線通信装置

(1)　概要

アクセス方式としてTDMA、複信をFDD（Frequency Division Duplex）とする3チャネルTDMAによる移動体通信システムの一例を第8.20図に示す。このような方式はTDMA-FDDと呼ばれている。また、送受信に同じ周波数を用いるTDD（Time Division Duplex）方式も使用されており、TDMA-TDDと呼ばれている。

第8.20図に示した例の場合、移動局は基地局から送信される時分割多重（TDM：Time Division Multiplex）スロットの中から自局宛のものだけを選択して受信する。そして、移動局からの送信は、個々に割り当てられるタイムスロットで行われる。

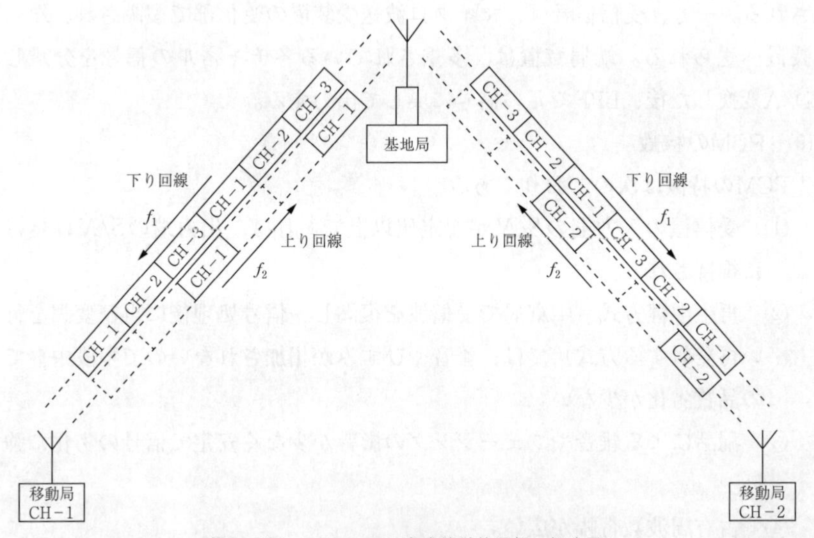

第8.20図　TDMA-FDD方式移動体通信の概念図

(2) 基地局の基本構成

基地局は第8.21図に示すように屋内装置、屋外装置、アンテナなどから成る。

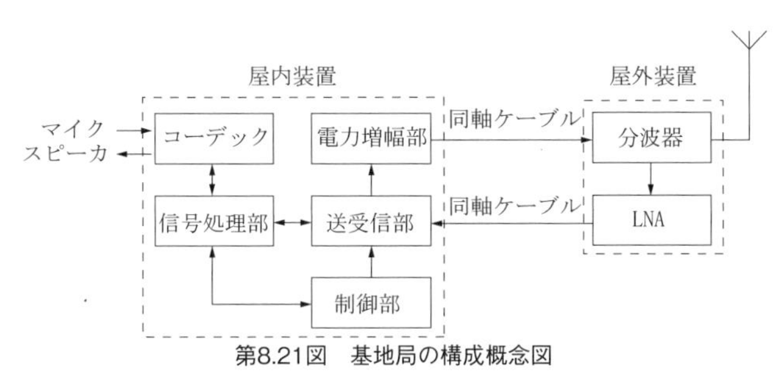

第8.21図　基地局の構成概念図

なお、UHF（極超短波）帯の電波を用いる無線システムでは、同軸ケーブルで生じる損失により受信信号の品質が悪くなるので、受信用のLNA（Low Noise Amplifier：低雑音増幅器）をアンテナの近くに取り付け、受信信号の減衰を抑える手法が広く用いられている。

(3) 動作の概要

① 受信

基地局のアンテナで捉えられた微弱な信号は、屋外装置の分波器を介してLNAで増幅され、屋内装置の送受信部へ送られる。送受信部で復調されたデジタル信号は、信号処理されコーデック（CODEC）でアナログの音声信号に変換される。そして、低周波増幅器で増幅されてスピーカより音として出される。

② 送信

音声信号は、デジタル信号に変えられた後に誤り訂正のための信号処理が施され、送受信部でデジタル変調により高周波信号に乗せられる。この変調された信号は電力増幅部で増幅され、同軸ケーブルで屋外装置へ送られる。そして、分波器を介して同軸ケーブルでアンテナに給電され電波として放射される。

(4) 移動局の基本構成

移動局の送受信装置は、第8.22図に示すように送信部、受信部、信号処理部、コーデック（CODEC)、分波器、アンテナなどから成る。

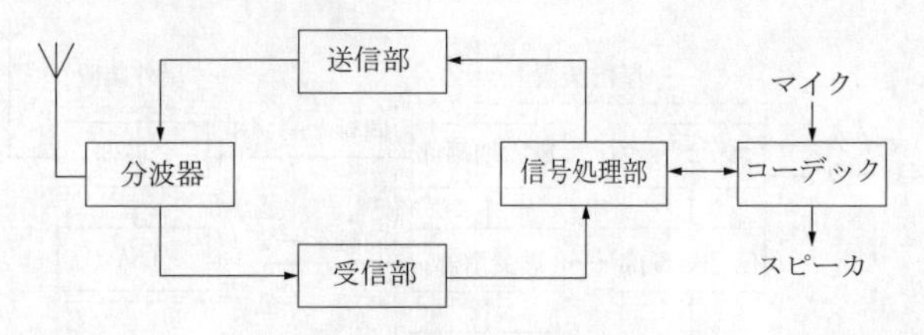

第8.22図　移動局の構成概念図

(5) 動作の概要

① 受信

アンテナで捉えられた信号は、分波器を介して受信部に加えられ復調される。そして、誤り訂正やデインターリーブなどの信号処理が行われ、コーデックでアナログの信号に変えられる。このアナログ信号は低周波増幅され、スピーカで音に変えられる。

② 送信

音声信号はデジタル信号化と誤り訂正のための信号処理が施された後にデジタル変調により高周波信号に乗せられる。そして、この変調された高周波信号は、規定の送信電力にまで増幅され、アンテナから電波として放射される。

8.6 衛星通信のための無線通信装置

8.6.1 概要

衛星通信の特徴である広域性、同報性、回線設定の柔軟性を活かして音声、データ、画像、映像など多彩な情報を比較的簡単に経済的に伝送でき、テレビや新聞などの報道機関のニュース取材のSNG（Satellite News Gathering)、国や地方公共団体などの防災行政無線、警察、消防、鉄道、電力などの通信回線または予備回線に利用されているのがVSAT（Very Small Aperture Terminal：超小型地球局）である。

VHFやUHF帯の周波数の電波を用いる通信や放送は、電波の伝搬特性によりサービス範囲が概ね見通し距離を少し越える程度に限定される。見通し距離を越える通信や広域性が求められる通信には、静止衛星を利用する衛星通信システムが用いられることが多い。

また、衛星通信はサービスエリアが広域で、宇宙局を中継することにより多地点間で広範囲の通信設定ができる特徴があり、多元接続によって通信を行っている。その多元接続方式は、TDMA（Time Division Multiple Access：時分割多元接続）やFDMA（Frequency Division Multiple Access：周波数分割多元接続）が広く用いられている。

変調方式としてBPSK（Binary Phase Shift Keying：２値位相シフト変調）やQPSK（Quadrature Phase Shift Keying：４値位相シフト変調）が用いられることが多いが、テレビなどの高品質映像信号の伝送には、占有周波数帯幅が広くなるのを抑えるためにQAM（Quadrature Amplitude Modulation：直交振幅変調）などの多値変調が用いられる。

8.6.2　静止衛星

静止衛星は、赤道の上空、約36000〔km〕の静止衛星軌道（GEO：Geostationary Satellite Orbit）に打ち上げられ、地球の自転周期と同じ周期で地球を一周するので、地上からは静止しているように見える人工衛星である。

第8.23図に示すように静止軌道上に120度間隔で静止衛星を３基配置すると両極地域を除く全世界的規模でのサービスが可能となる。静止衛星を用いる通信は、HF通信のように電離層の状態に依存しないので、**受信電力が安定しており信頼性も非常に高い**。しかし、静止衛星と地球間の距離が非常に長いので、**電波の伝搬損失と伝搬遅延に対する配慮が必要**である。

静止衛星は、その姿勢を地球に対して一定に保つために姿勢制御を行う必要がある。この姿勢制御として、３軸安定方式（衛星本体の３軸を制御して

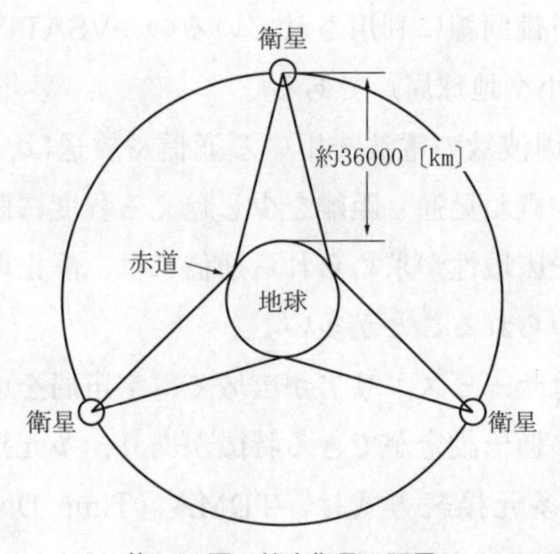

第8.23図　静止衛星の配置

安定化させる方式）やスピン安定方式（衛星本体をコマのように回転させ安定化を図る方式）がある。

３軸安定方式はスピン安定方式と比較して衛星本体の形状設計が比較的容易である。

スピン安定方式はアンテナのビーム方向を常に地球に向けるための特殊な装置を必要とする。

8.6.3　周回衛星

静止衛星を中継局として利用する通信や放送は、伝搬損失が極めて大きな値になるので、それを補うために大型の高利得アンテナ、高出力の送信機、低雑音の受信機などを必要とする。

装置の小型化を図り移動体通信に通信衛星を利用するためには、伝搬損失が少ない低軌道（LEO：Low Earth Orbit）に衛星を打ち上げればよいが、高度を維持するために衛星の周回速度を速くしなければならないので静止衛星ではなくなる。一般には地球を中心に円軌道を描く周回衛星が用いられるが、楕円軌道による方法もある。

しかし、このLEOによる周回衛星では、地球上の１点から当該衛星を見通せる時間は、周回軌道の高度によって異なるが、短時間となる。そのため、全世界規模でサービスを行うには、60基程度の衛星が必要とされ、衛星間のハンドオーバなど高度な技術と経済的な負担が大きくなるが、移動端末局は小形軽量のハンディタイプで対応できる。

LEO衛星による国際セルラー電話は、地上の携帯電話のように莫大な数の基地局を必要とせず、衛星を見通せる場所であれば、どこでも通信可能となる特徴を生かし、緊急回線や携帯電話が使用できない洋上、内陸部、山岳部などで利用されている。

8.6.4　衛星通信の特徴

衛星通信には次のような特徴がある。

① 衛星を見通せる場所であれば、山間部や離島などでも通信可能であり、サービス範囲が非常に広い。

② 同一の情報を多くの地点で同時に受信できるので同報性に富んでいる。

③ 映像信号のような広い周波数帯域を必要とする信号や大容量の伝送が可能である。

④ 洋上の船舶や航空機と安定した通信ができ、通信回線の信頼性が高い。

⑤ 一つの宇宙局を多数の地球局で共用でき、多元接続も容易である。

⑥ 地上での自然災害などの影響を受け難い。

⑦ 宇宙局の故障修理が困難であり、寿命が地上の無線局より短い。

⑧ 宇宙局と地球局との距離が非常に長いので、受信信号が非常に微弱である。

⑨ 10〔GHz〕より高い周波数を用いる場合は、雨や水蒸気の影響を受けやすい。

⑩ 伝搬距離が極めて長いので、電話では遅延による通話の不自然さが生じる。

⑪ 静止衛星は春分と秋分の頃に、衛星食が生じ太陽電池が動作しなくな

るので、大きな容量のバッテリを備える必要がある。

8.6.5 基本構成

衛星通信システムは、第8.24図に示すように地上回線とのインターフェース及び信号の送受信を行う複数の地球局とそれらの電波を中継する宇宙局から成る。

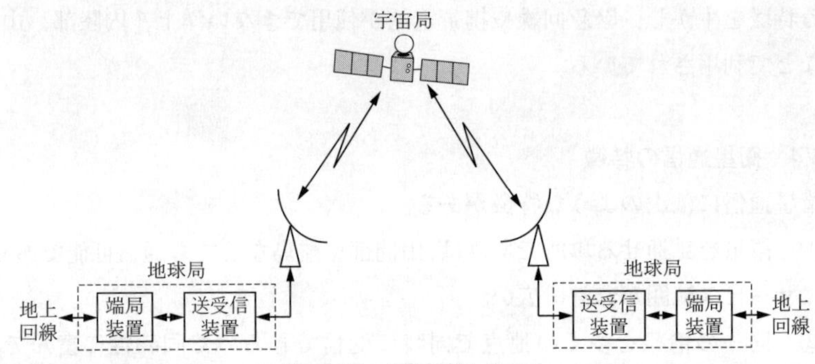

第8.24図　衛星通信システム

8.6.6 周波数帯

衛星通信では、電波干渉を避けるために地球局から中継を行う宇宙局へのアップリンクと宇宙局から地球局へのダウンリンクに異なる周波数帯の電波を用いている。代表的な周波数帯としてＬバンドの1.6/1.5〔GHz〕帯、Ｓバンドの2.6/2.5〔GHz〕帯、Ｃバンドの6/4〔GHz〕帯、Kuバンドの14/12〔GHz〕帯、そしてKaバンドの30/20〔GHz〕帯が使用されている。なお、周波数の表記は、慣例的にアップリンクの周波数を分子に、ダウンリンクの周波数を分母に書くことになっている。ダウンリンクに伝搬損失の少ない低い周波数を使用することで、人工衛星の送信電力を低く抑えて負担を軽減している。VSATには14/12〔GHz〕帯と30/20〔GHz〕帯の電波が割り当てられている。

8.6.7　VSAT

(a)　構成

VSATシステムは、第8.25図に示すようにシステム内の回線制御や監視機能を持ち中心的な役割を担うVSAT制御地球局（親局）、広範囲に存在する複数のVSAT地球局（子局）、中継を行う人工衛星（宇宙局）などで構成される。

VSAT制御地球局は、大型のアンテナ、送受信部、端局部、ネットワーク監視制御部、端末装置から成り、送受信装置には大電力増幅器と低雑音増幅器が使用されている。一方、VSAT地球局は、小型化されており、小型アンテナ、送受信装置の高周波部でアンテナの近くに設置されているODU（Out Door Unit：屋外設備）、送受信装置の中間周波増幅器や変復調器及び信号処理部で屋内に置かれているIDU（In Door Unit：屋内設備）、信号の入出力装置である端末機器などから成る。なお、ODUとIDUは、低損失の同軸ケーブルで接続されている。

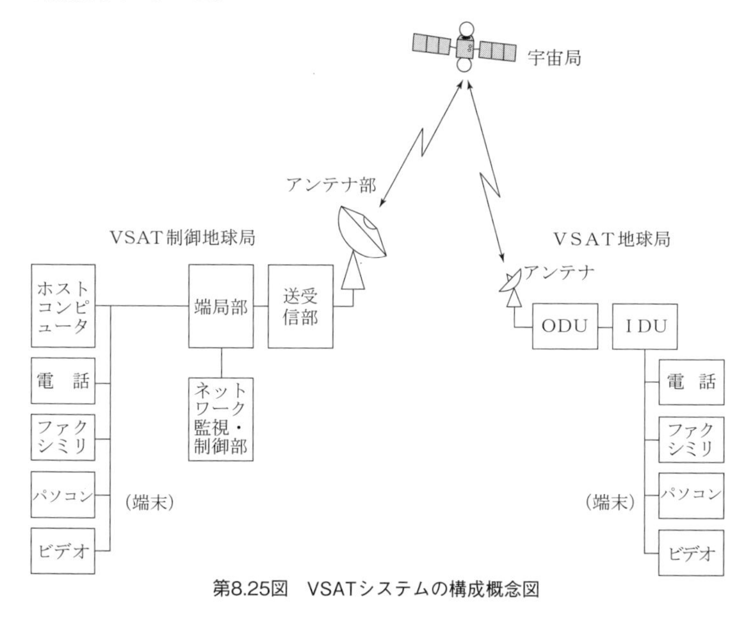

第8.25図　VSATシステムの構成概念図

アンテナとして、制御局（親局）では直径5～10〔m〕程度のカセグレンアンテナ、地球局（子局）では直径1～2〔m〕程度のオフセットパラボラアンテナ（10.2.5参照）（利得が50〔dBi〕以下）が用いられることが多い。

(b) 動作の概要

14/12〔GHz〕帯の電波を用いてVSAT制御地球局とVSAT地球局の間やVSAT地球局相互間で音声、データ、FAX、ビデオなどの双方向や単方向同報伝送を行うことができるVSAT通信システムが広く利用されている。

なお、30/20〔GHz〕帯の電波を用いるVSATも利用されている。

VSAT地球局の構成概念図の一例を第8.26図に示す。VSATによる通信システムは、地上のマイクロ波回線と大きく異なり伝搬距離が非常に長く、それに伴う伝搬損失が非常に大きいので高利得アンテナ、低雑音増幅器（LNA: Low Noise Amplifier）や低雑音の周波数混合器で低雑音化を図った受信装置などを用いている。

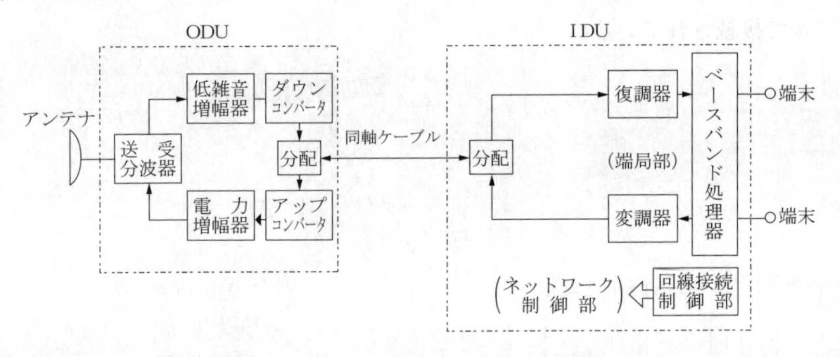

第8.26図 VSAT地球局（子局）の構成概念図

① 受信

ここで、受信信号の流れについて簡単に述べる。アンテナで捉えられた12〔GHz〕帯の微弱な信号は、アンテナの近傍に取り付けられたODU内の送受分波器（送信信号と受信信号の経路を分離するもの）を通り、低雑音増幅器で増幅された後にダウンコンバータ（周波数変換器）によって1〔GHz〕程度の中間周波数（IF）に変換される。このIF信号は、同軸ケーブルで屋内に設置されているIDUに送られIF増幅回路で十分に増幅された後に、復調器で復調される。そしてこの信号は、ベースバンド処理器で信号処理され端末装置などに出力される。

② 送信

送信される音声信号、データ、ビデオ信号などは、ベースバンド処理器でデジタル信号に変えられる。そして、このデジタル信号で1〔GHz〕程度の搬送波を変調することで中間周波信号（IF信号）が生成される。このIF信号は、同軸ケーブルでODU内のアップコンバータ（周波数変換器）で、14〔GHz〕に変換され電力増幅器に加えられる。電力増幅器で規格値にまで増幅された信号は、分波器を介してアンテナに給電され電波として放射される。

ODUとIDUに分け、更にODUをアンテナの近くに取り付けることにより給電線の同軸ケーブルによる損失を最小限にし、受信信号の搬送波電力対雑音電力比C/Nの劣化を抑え、受信能力の向上を図っている。また、送信電力が同軸ケーブルで減衰することを軽減している。

(c) 取扱

VSAT地球局は、組み込まれた自己診断機能によって、正常であれば使用可能を示す表示、不具合があれば故障を示す表示を点灯する。更に、VSAT制御地球局は、VSAT地球局の状態を監視し、電波の質に影響を及ぼすような不具合が発生した場合には当該VSAT地球局の電波の発射を停止させる。

VSAT地球局の次のような項目がVSAT制御地球局（親局）によってモニタされることが多い。

- 送信周波数
- 送信電力
- 送信周波数帯幅
- 受信信号強度
- 交差偏波識別度

第9章　レーダー

9.1　各種レーダーの原理

9.1.1　パルスレーダー

レーダー（Radar：Radio Detection And Ranging）は、電波の定速性（3×10^8〔m/s〕）、直進性、反射性を利用しており、指向性アンテナからパルス電波を発射し、物標（目標）で反射して戻ってきた電波を受信することで、往復に要した時間から距離を求め、更に、アンテナの回転方向から方位を求めるものである。加えて、反射波の強弱や波形の違いにより反射物体の形状や性質などの情報を得ることができる。得られた物標の距離、方位、性質情報等は、液晶パネルなどに見やすい形式で表示される。電波の速度をc〔m/s〕、往復の時間をt〔s〕とすると、物標までの距離d〔m〕は次の式で与えられる。

$$d=\frac{ct}{2}$$

例えば、ある地点より発射した電波が物標で反射して1〔ms〕後に戻ってきたとすると、その物標までの距離は150〔km〕※である。

第9.1図に示すように、パルス幅が狭く振幅が一定のパルスをパルス幅に

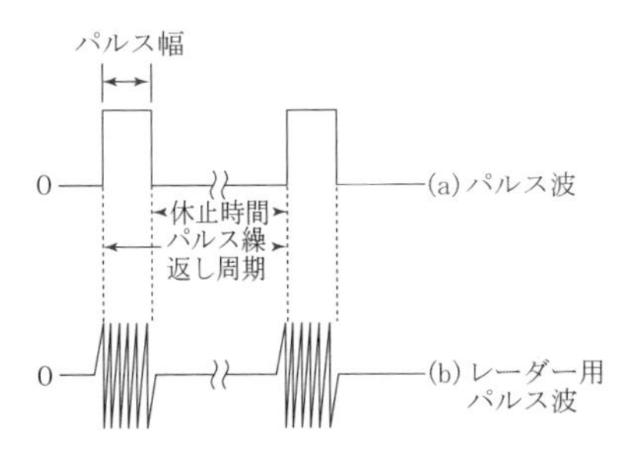

第9.1図　レーダーに用いられるパルスの一例

メモ

※　電波の往復の時間をt〔s〕とすると、物標までの距離d〔m〕は電波の速さc〔m/s〕を使って$d=c\times t/2$であることから、$d=3\times10^8\times1\times10^{-3}/2=150\times10^3=150$〔km〕となる。

比べて非常に長いパルス繰り返し周期で発射すると、パルスが発射されていない期間に反射波を受信できる。パルス幅として0.1～1〔μs〕程度、繰り返し周期が100～1000〔μs〕程度のパルスが使用されている。パルス幅は探知距離に応じて適切な値が選ばれる。

9.1.2　ドップラーレーダー

発射した電波が移動物体で反射される際に周波数が偏移する現象をドップラー効果という。すなわち、救急車のサイレン音が、救急車が自分に近づいてくるときには周波数が高く聞こえ、遠ざかるときには低く聞こえる現象である。このドップラー効果を利用したのがドップラーレーダーであり、次のように利用されている。

①　移動体の速度計測
②　固定物と移動物体の識別
③　竜巻や乱気流の早期発見及び観測

9.1.3　レーダーと使用周波数帯

マイクロ波をレーダーに使用する主な理由は次のとおりである。

①　電波の見通し距離内の伝搬であり伝搬特性が安定。
②　地形や気象の影響を受けやすい。
③　回折などの現象が少なく電波の直進性が良い。
④　波長が短くなるに従って小さな物標の識別ができる。
⑤　利得が高く鋭い指向特性のアンテナが得られる。
⑥　混信や妨害を受け難い。

地形や気象の影響を受けやすい特性を利用して降雨や降雪状況、地形の変化などを探知することができる。また、マイクロ波帯の中でも低い周波数帯と高い周波数帯では、電波の伝搬損失や通過損失、アンテナの特性などが異なるため、探知できる最大距離や物標の分解能に違いが生じる。

一般にレーダーは、用いる電波の波長が短くなるほど小さい目標を探知できるが、一方、雨や雪などによる減衰が大きくなり、遠くのターゲットを探知できない。

レーダーや衛星通信などで使用される周波数帯（バンド）の名称と使用目的を第9.1表に示す。

第9.1表　レーダーの周波数

バンド	周波数の範囲〔GHz〕	使　用　目　的
L	1 ～ 2	空港監視レーダー（SSR、ARSR）、DME
S	2 ～ 4	気象レーダー、船舶用レーダー、ASR
C	4 ～ 8	航空機電波高度計、気象レーダー、船舶レーダー、空港気象レーダー、位置・距離測定用レーダー
X	8 ～ 12.5	空港監視レーダー（PAR）、気象レーダー、沿岸監視レーダー、航空機気象レーダー、船舶航行用レーダー
Ku	12.5 ～ 18	船舶航行管制用レーダー、航空機航行用レーダー、沿岸援助用レーダー
K	18 ～ 26.5	速度測定用レーダー、空港監視レーダー（ASDE）
Ka	26.5 ～ 40	自動車衝突防止レーダー、踏切障害物検知レーダー

9.2　レーダーの構造

9.2.1　構成

レーダーは第9.2図のように送受切換器、送受信装置、信号処理装置、アンテナとレドーム、アンテナ制御装置、指示装置（表示器）などから成る。

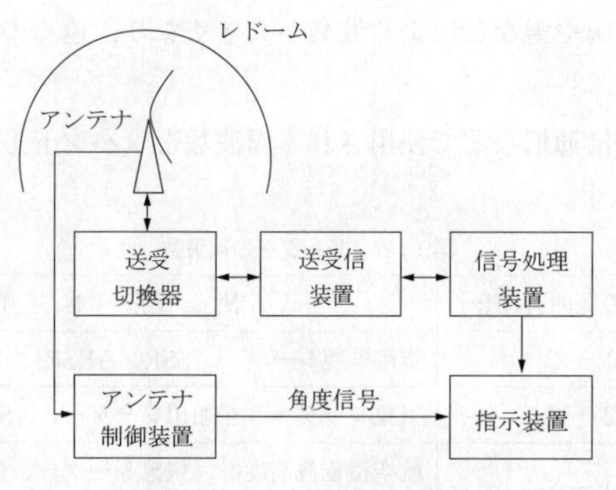

第9.2図　レーダーの構成概念図

9.2.2　送受信装置

周波数安定度の優れた水晶発振器と電力増幅器やバラクタダイオードによる逓倍器（入力信号周波数の２倍や３倍の周波数の信号を取り出す回路）によりマイクロ波帯の高電力信号が作られる。なお、一部のレーダーでは、マイクロ波VCO（Voltage Controlled Oscillator）で高安定度のマイクロ波信号を生成し増幅する方式が用いられている。パルス変調は低電力段で行われるのが一般的である。電力増幅部は、モジュール化された電力増幅器を並列接続することで高電力を得ている。

一方、アンテナで捉えられた物標で反射した信号は、送受切換器を介して受信機に加えられ復調される。そして、得られたレーダービデオ信号は、信号処理装置へ送られる。

9.2.3　信号処理装置

信号処理装置は不要な信号を除去し、物標信号のみを検出する役割を担っている。例えば、気象レーダーは、クラッタ（Clutter）と呼ばれる周辺の大地、建物、山などからの不要な反射信号を除去または抑圧する必要がある。

9.2.4　指示装置

レーダーエコーの表示には、アンテナを中心とした地図上に物標がプロットされ、物標の位置関係が分かり易い第9.3図に示すようなPPI（Plan Position Indicator）方式が用いられることが多い。アンテナ1回転で360°の表示としており、画面には物標に加えて、距離目盛（レンジマーク）、シンボルなどが表示される。また、カラーによる色別表示に加えて数字や文字による内容表示を行うことで、識別を容易にしている。

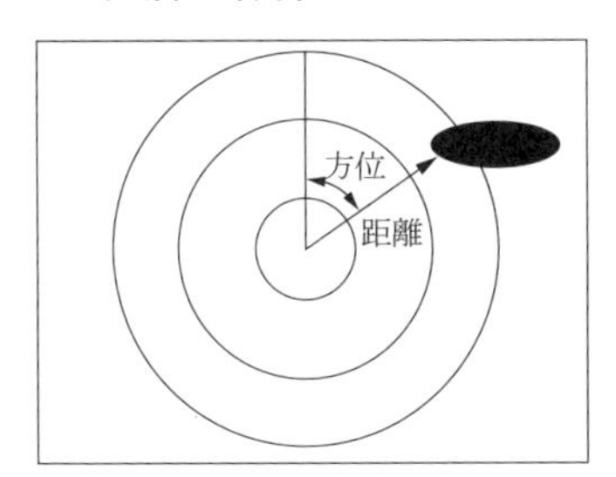

第9.3図　PPI方式の概念図

9.2.5　アンテナ装置

鋭い指向性ビームのアンテナを回転させながら物標を探知するレーダーは、送信アンテナと受信アンテナを共用することが多い。レーダーアンテナ

写真9.1　フラットアンテナと回転装置

として、パラボラアンテナまたは平面板に多数のスロット（細長い溝）を切った写真9.1に示すようなスロットアレーアンテナ（フラットアンテナ）などが広く用いられている。

9.3　レーダーの種類

レーダーには一次レーダーと二次レーダーがあり、用途に応じて適切に使い分けられている。

⑴　一次レーダー

一次レーダーは発射した電波が物標で反射して戻ってきた電波を受信する形式であり、その主な用途は次のとおりである。

①　気象用

雨、雪、雲、雷、台風、竜巻など気象に関する情報を探知するレーダーをいう。

②　速度測定用

主に自動車などの移動物体の速度を計測するためのレーダーで、移動物体からの反射波のドップラー効果を利用したレーダーをいう。

③　距離測定用

送信した電波が物標に反射して戻ってくるまでの時間を用いて物標までの距離を求めるレーダーで、航空機の電波高度計や車間距離を測定するレーダーなどがある。

④　位置測定用

物標までの往復に要した時間とアンテナのビーム方向から物標の位置を探知するレーダーで、船舶レーダーや航空管制用レーダーなどがある。

⑤　侵入検知用

不審者などの侵入による異常を知らせる警備に用いるレーダーをいう。

⑵　二次レーダー

二次レーダーは、相手局に向けて質問電波を発射し、この電波を受信した局からの応答信号を受信することで情報を得る形式である。一次レーダーと比較して受信信号が強く安定しており、得られる情報も多い。その主な用途は次のとおりである。

① 距離測定用

質問電波発射から応答信号受信に要した時間を用いて当該局までの距離を求めるレーダーで、航空用の距離測定装置や航空機の衝突防止装置に用いられている。

② 航空管制用

地上局より航空機に対して質問電波を発射し、航空機より応答信号として航空機の識別符号や飛行高度情報を得るレーダーである。なお、質問電波発射から応答信号受信に要した時間を用いて距離情報を得て、更にアンテナの指向性から方向の情報を得ることで相手局の位置を特定できる。

③ 識別情報取得用

相手の無線局に対して質問電波を発射し、当該局より応答信号として各種の情報を得るレーダーで、5〔GHz〕帯の電波による高速道路料金システムのETC（Electronic Toll Collection）は、この一例である。

9.4 レーダーの性能及び特性

9.4.1 概要

実際にレーダーを使用する場合、そのレーダーの規格や性能限界を十分に熟知した上で、運用に携わることが求められる。当該レーダーの遠距離と至近距離における探知能力や接近して存在する物標の分離識別能力や誤差などは、あらかじめ知っておくべきである。

9.4.2 最大探知距離

レーダーが探知できる最も遠い距離を最大探知距離という。一般に、マイクロ波を用いるレーダーの最大探知距離は、電波の見通し距離内に限られる。

最大探知距離を長くするには次の方法がある。

① アンテナの利得を大きくする。

② アンテナの高さを高くする。

③ 感度の良い受信機を使用する。

④ パルス幅を広くし、繰り返し周波数を低くする。

⑤ 低い周波数を用いる。

⑥ 送信電力の値を大きくする。

9.4.3 最小探知距離

レーダーが探知できるアンテナに最も近い位置に存在する物標までの距離を最小探知距離という。最小探知距離は、パルス幅、アンテナの高さと垂直面内指向性などによって決まる。

レーダーでは電波が1〔μs〕で往復し得る距離は150〔m〕である。例えば、物標までの距離が150〔m〕以下の場合に、パルス幅が1〔μs〕のパルスを発射すると、パルスの送信が終わる前に反射波が戻ってくるため反射波を受信できない。したがって、パルス幅がτ〔μs〕の場合は、150τ〔m〕内に存在する物標を識別できないことになる。

9.4.4 距離分解能

距離分解能は、同一方位において距離がわずかに違う二つの物標を識別できる最小の距離である。最小探知距離の場合と同様にパルス幅がτ〔μs〕のレーダーでは、同一方位に150τ〔m〕差で隔たった二つの物標を探知できない。

9.4.5 方位分解能

レーダーの指示器で物標を観測する場合、等距離で方位角がわずか異なっている二つの物標を区別できる最小の方位角の差を方位分解能といい、主にアンテナの水平面内指向性によって決まる。方位分解能は、アンテナのビーム幅（10.1.5参照）が狭いほど良くなる。第9.4図(a)のようにアンテナが鋭い指向性をもっていれば、物標Ａ、Ｂからの反射波は区別され、２点として表示される。しかし、第9.4図(b)のようにビーム幅が広い場合には、Ａの反射波が終わる前にＢの反射波が到来するため、指示画面では連続した長いだ円となり、二つを区別できない。

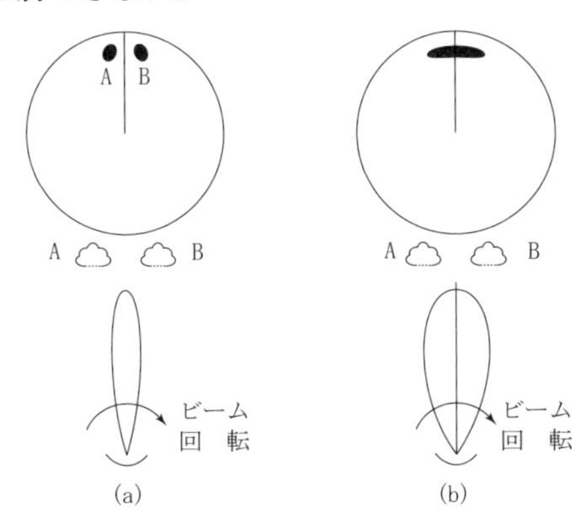

第9.4図　方位分解能

9.4.6　誤差の種類

(a)　距離誤差

レーダー表示器の時間と距離の直線性が悪いと距離誤差となる。なお、レンジ切換を物標が映る範囲で最も小さい値にセットすると距離誤差は小さくなる。距離目盛が固定式の場合には、目盛と目盛の間は目分量で補間することになるので読み取り誤差が生じる。また、可変距離目盛により距離を求める際は、物標の端に正しく合わせないと誤差となるので注意が必要である。

(b)　方位拡大誤差

方位拡大による誤差は第9.5図に示すように、レーダーアンテナの水平ビーム幅Aの中に物標が入っている間にエコーが受信されるため、物標の幅が実際の幅に相当する角度Bより拡大され、およそEとしてレーダー画面に映し出される。この誤差の大きさはアンテナのビーム幅（半値幅）に比例する。対策として、ビーム幅の狭いアンテナを使用することで方位拡大による誤差を改善できる。

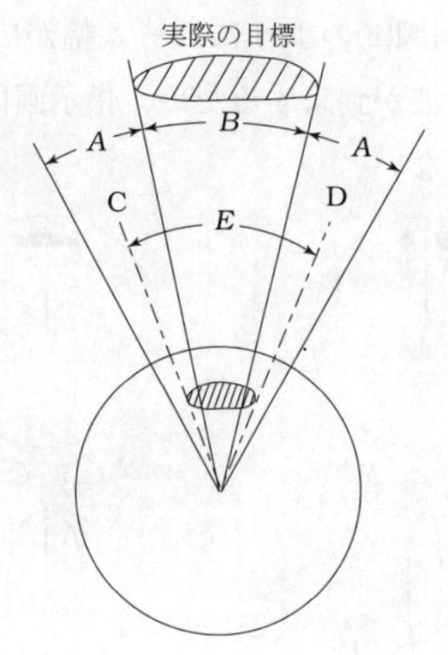

第9.5図　アンテナのビーム幅による方位拡大誤差

(c)　方位誤差

アンテナのサイドローブによって大きく誤った位置に物標が表示されることがあるので、サイドローブ特性の優れたアンテナを用いる必要がある。また、アンテナのビーム方向と指示器上の方向にずれが生じると誤差となる。

地上に設けられるレーダーの場合は、決められた位置に設置した固定物標からの反射波をモニターし、修正する機能を備えることで誤差を修正できる。一部のレーダーには誤差が大きくなると警報を出す回路が組み込まれている。

9.4.7　レーダー干渉

同一周波数帯を使用している他のレーダーが近くにあると、画面にレーダー干渉像が現れる。この干渉像は、第9.6図のようにいろいろな現れ方をする。

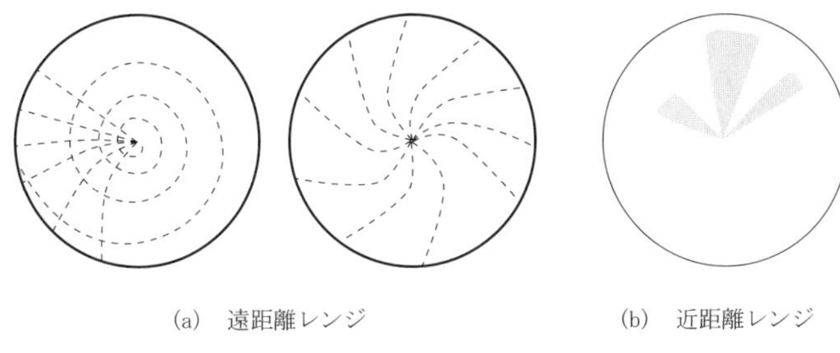

(a)　遠距離レンジ　　　(b)　近距離レンジ

第9.6図　レーダー干渉像

この斑点は常に同じところに現れないので、物標の映像と識別することができる。この現れ方は距離レンジによって異なり、近距離レンジになるほど放射状の直線または点線状の映像になる。

最近のレーダーはデフルータやIR（Interference Rejection）回路が優れているので、干渉が少なくなっている。

9.5　気象用ドップラーレーダー

陸上に設置される気象用ドップラーレーダーは、雨や雲の観測に加えて、降水量、竜巻発生の予測、局地的な集中豪雨の予測、空港でのダウンバーストの観測や予測などに利用されている。

降水強度は、レーダーの平均受信電力、距離情報、氷や水の誘電率の違い、空間に存在する降水粒子の分布などの情報をコンピュータ処理することで算出される。なお、ドップラー速度は移動物体で反射された信号を受信した時に観測される周波数偏移から求められる。更に、移動するものだけを捉え表示するMTI（Moving Target Indicator）機能を備えており、建物や山などの固定物からの反射と区別することで、信頼性を向上させている。

気象用のレーダーでは、水平と垂直方向のアンテナの走査を組み合わせることで、雨や雲などを立体的に観測している。更に、幾つかの異なる仰角にてPPIスキャンを行って上空の雨や雲を観測し、コンピュータ処理で３次元画像とすることで解析精度を向上させている。

また、アンテナをある方位に固定して、仰角方向に90度または180度スキャンさせ、ある方向（方位）の高さの状況を示す第9.7図のようなRHI（Range Height Indicator）方式も用いられている。

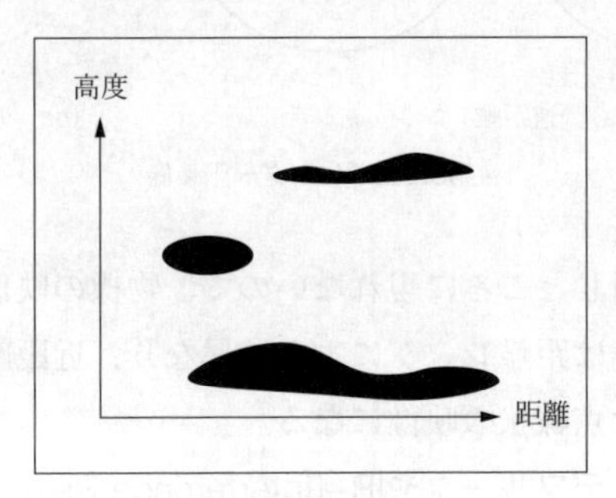

第9.7図　RHI方式の概念図

9.6 速度測定用レーダー

速度測定用レーダー（レーダースピードメータ）は、電波のドップラー効果を利用して、自動車等の速度を測定するのに使用されている。

電波のドップラー効果とは、発射された電波が移動体に当たって反射してくる場合、発射電波の周波数と反射波の周波数が異なる現象である。すなわち、走行する自動車が近付いてくるときは反射波の周波数が高く、反対に遠ざかるときは反射波の周波数が低くなる現象である。

この現象を利用して、レーダーから電波（10.525〔GHz〕）を発射し、反射してきた電波を受信して走行する自動車によって生じた偏移周波数（ドップラー周波数）を検出し、この偏移周波数が自動車の走行速度に比例することを利用して、速度を測定するものである。構成概念図を第9.8図に示す。

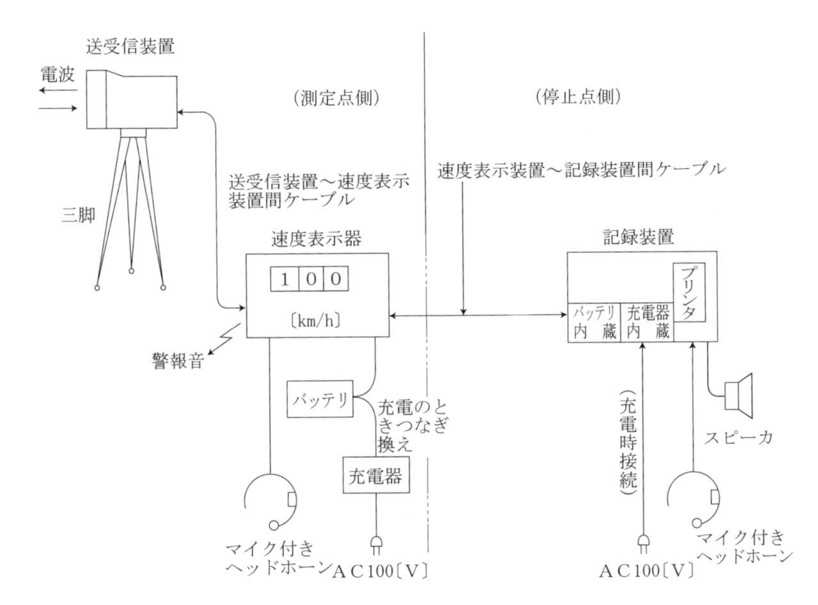

第9.8図　速度測定用レーダーの構成

9.7　侵入検知用レーダー

10〔GHz〕帯の電波を用いた侵入検知無線装置（無線標定陸上局）が、重要施設や商業施設、工場、倉庫等の警備に使用されている。

これには、ドップラー方式のものと遮断方式のものがあり、それらの概要は、次のとおりである。

(A)　ドップラー方式

送信機から発射された電波が、移動する侵入者によって反射されると、ドップラー効果により、受信周波数が送信周波数と異なってくる。この周波数の変化を検出し、侵入者を検知して、ブザー、ランプ表示等によって、警備者、管理者等に知らせるものである。

通常、装置から侵入者までの距離は、数〔m〕から数十〔m〕で、空中線電力は10～100〔mW〕程度である。

⒝　遮断方式

この方式は、送信装置と受信装置を対向させておき、侵入者が送信装置から発射されている電波を遮った場合に受信装置に到達する電波のエネルギーが減少することを利用して侵入者を検知し、⒜と同様の手段で警備者、管理者等に知らせるものである。

送受信装置の間隔15～150〔m〕、空中線電力10〔mW〕程度のものが使用されている。

9.8　レーダーの取扱方法

9.8.1　概要

最近のレーダーでは、デジタル信号処理を行う過程で最適な状態が得られるよう自動的に調整する機能が備えられているのでオペレータが手動で調整を行う機会は少ない。しかし、強力な反射波や雨などの状態が一様でないので、それらの影響を手動で調整した方が効果的なことがある。

9.8.2　レーダー制御器の取扱方法

第9.9図にレーダーの操作パネルの概念図を示す。

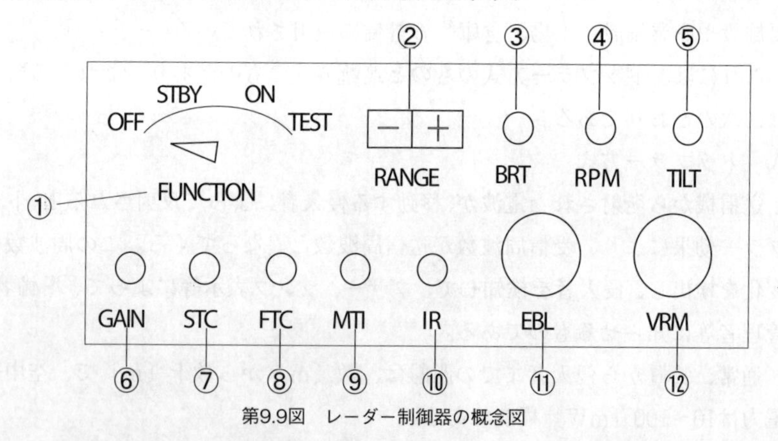

第9.9図　レーダー制御器の概念図

ここで、レーダーを操作する際に用いられる主なスイッチ・つまみの機能や役割について述べる。

① FUNCTION

・OFF　：電源が切れている状態

・STBY：電源が入り準備状態であるが電波は発射されない。

・ON　：電波が発射され物標を探知する状態

・TEST：レーダー装置の機能試験が行われ、正常であればレーダー画面上にPASS、異常の場合には、その状態が表示される。

② RANGE（距離範囲）

測定距離範囲を設定する。

③ BRT（brightness：輝度）

レーダー表示画面の明るさを調整する。

④ RPM（アンテナの回転数）

アンテナの毎分当たりの回転数を設定する。

⑤ TILT（仰角設定）

レーダーアンテナの仰角を設定する。

⑥ GAIN

反射信号の強弱に応じて受信機の利得を手動で調整して、見やすい画面にする。

⑦ STC（Sensitivity Time Control）

レーダーアンテナ近傍からの強い反射波の影響を抑える。

⑧ FTC（Fast Time Constant）

雨や雪からの反射波の影響を抑える。

⑨ MTI（Moving Target Indicator：移動物標表示装置）

移動物標のみを画面に表示するために用いる。移動物標からの反射波が、その移動速度に応じてドップラー効果による周波数シフトを伴うことを利用して、移動物標と大地や山などの固定物を識別する装置。

⑩ IR（Interference Rejection：干渉除去）

他のレーダーからの干渉妨害の影響を抑えるために用いる。

⑪　EBL（Electronic Bearing Line：電子カーソル）

物標の方位を正確に測定するために用いる。

⑫　VRM（Variable Range Marker：可変距離環）

レーダーアンテナの位置から物標までの距離や任意の２地点間の距離を正確に測定するために用いる。

取扱手順

レーダーは、その性能を十分に発揮できるように適切に取り扱わなければならない。取扱方法を正しく理解し、更に習熟することが求められる。陸上に設置されるレーダーの基本的な取扱手順は、次のとおりである。

⑴　主電源が正常に供給されていることを確認後、FUNCTIONスイッチをOFFからSTBYに切り換え、規定の予熱時間を与える。

⑵　FUNCTIONスイッチをSTBYからONに切り換えると、自動的に機能テストが開始され、正常であればレーダー表示画面上に「PASS」の文字が表示され、標準的な機能による物標の探知が始まりレーダーエコーが映し出される。

⑶　必要に応じて、画面の輝度をBRTつまみで調整する。

⑷　探知距離を変更する場合は、RANGEスイッチの＋または－を押して所望値にセットする。

⑸　必要に応じて、目的の物標が適切に探知できるようにアンテナの仰角をTILTつまみで調整する。

⑹　物標の状態が早く変化する場合などは、必要に応じてアンテナの回転数をRPMスイッチで所望値にセットし、物標の状態変化に追従させる。

⑺　表示映像は、最良になるように自動的にデジタル信号処理されるが、利得をGAINつまみで調整すると改善されることがある。

⑻　近くの物体からの強力な反射波で画面の中央部分が異常に赤色で表示される場合は、STCをONにすると改善されることがある。

⑼　気象レーダーを除き、雨や雪の影響を受けて、目的の物標が不鮮明なときは、FTCをONにすると改善されることがある。

⑽　グランドクラッタの影響は、MTIスイッチをONにすると改善されることがある。

⑾　他のレーダーによる干渉の影響は、IRスイッチをONにすると改善されることがある。

⑿　物標までの距離を正確に測定する場合、VRMつまみを回して目的の物標に合わせ、表示画面上に出る値を読み取る。

⒀　物標の方位を正確に測定する場合、EBLつまみを回してカーソルを目的の物標に合わせ、その方位目盛より読み取る。

取扱上の注意点

レーダーを取り扱う際には、次のことに注意しなければならない。

①　電波の発射前に、レーダーアンテナの周辺に人がいないことを確認すること。

②　レーダー電波を発射する時間は、必要最小限に止めること。

③　外部の転換装置（つまみやスイッチ）など決められたもの以外は、操作しないこと。

④　レドームやアンテナ及び屋外に設置される送受信装置などは、風雨にさらされるので、それらの外観検査を定期的に実施すること。

⑤　製造会社や社内規定による定期点検を適切に実施して、その性能を確認すること。

9.8.3　STC

近くの大地、丘、建物などによってレーダー波が反射されると強い反射波が返ってくる。このため受信機は飽和して、画面の中心付近が明るくなり過ぎて近くの目標が見えなくなる。これを防止するため、近距離からの強い反射波に対して感度を下げ、遠距離になるに従って感度を上げ、近くからの反射の影響を少なくして、近距離にある目標を探知しやすくする回路をSTC（Sensitivity Time Control：感度時調整）回路という。

感度を下げていくと、反射の明るい部分は次第に消えていくが、下げ過ぎると、必要な目標まで消えるので注意する必要がある。

9.8.4　FTC

雨や雪などからの反射波によって、船舶や航空機の識別が困難になることがある。このときには、FTC（Fast Time Constant：小時定数または雨雪反射抑制）回路を動作させると、その影響を抑えることができる。このFTCは船舶や航空機からの反射波と雨や雪などからの反射波の波形が異なることを利用して分離するものである。

9.8.5　GAIN（利得）

強い反射波によって受信機が飽和することを防ぎ、適切な状態で受信できるよう受信機の利得を手動で調整できる機能が備えられている。オペレータは、反射波（レーダーエコー）のレベルがある値より強い場合に受信機の利得を手動で調整して見やすい画面にすることができる。

なお、船舶用レーダーでは、受信機の利得を自動的に調整することで、強い反射波に重なった微弱な信号を取り出すIAGC（Instantaneous Automatic Gain Control：瞬間自動利得制御）が用いられることが多い。

9.8.6　RANGE（距離範囲）

測定距離範囲を切り換えるために用いられ、探知する物標の位置や種類に応じて適切な値にセットされる。

第10章　空中線系

10.1　空中線の原理

10.1.1　概要

アンテナは無線通信を行う際に空間に電波を放射し、また、空間の電波を捉え、高周波電流に変えるもので、電波と高周波電流の変換器である。

アンテナの長さ（大きさ）は、使用電波の波長に関係し、周波数が高くなると短く（小さく）なる。また、アンテナには特定方向に強く電波を放射するものや全方向に放射するものがある。この方向性をアンテナの**指向性**という。更に、ある地点における電波の強さは、送信に用いるアンテナの特性により異なる。この違いを基準アンテナと比較したのが**利得**である。アンテナには多くの種類があり、用途に応じて適切なものが使用される。

ここでは、アンテナについて簡単に述べる。

10.1.2　機能と基本特性

アンテナの機能と基本特性は、概ね次のとおりである。

① アンテナとは、電波と高周波電流との変換器である。
② アンテナは送受信に共用できるものが多い。
③ アンテナの長さは、使用電波の波長に関係する。
④ アンテナには指向性があるものとないものがある。

10.1.3　共振

一般に、物が共振すると、その振動が大きくなる。無線通信に用いられる多くのアンテナは、この共振を利用している。

第10.1図(a)のように、有限の長さで両端が開放されている導体に高周波電流を流した場合、その高周波電流の周波数に共振する最小の長さは、1/2波長（$\lambda/2$）である。この波長を固有波長、周波数を固有周波数という。このように両端が開放された導体を用いるのが、非接地アンテナである。

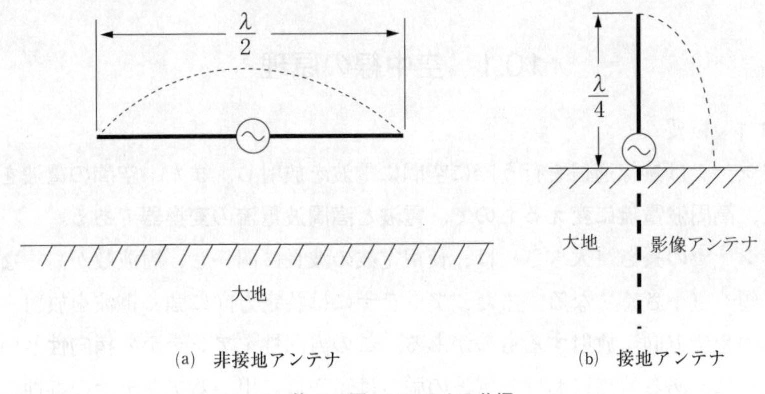

第10.1図　アンテナの共振

一方、同図(b)に示すように導線の片側を大地に接地した場合は、大地の鏡面効果により影像アンテナが生じる。片側を大地に接地した導体が、そこを流れる高周波電流の周波数に共振する最小の長さは、1/4波長（$\lambda/4$）である。このように一端が開放、もう一端が大地に接地された導体を大地の鏡面効果を利用してアンテナとして用いるのが接地アンテナである。

なお、非接地アンテナは1/2波長、接地アンテナは1/4波長のものが広く用いられている。

10.1.4　等価回路

アンテナは、1/2波長や1/4波長のような物理的な長さを持っているが、第10.2図(a)に示すようにコイルの働きをする成分や周辺の大地などの間で形成されるコンデンサによる静電容量も有している。また、アンテナ線は抵抗成分を持っている。したがって、アンテナは、同図(b)に示すようにコイルの実効インダクタンスL_eとコンデンサの実効容量C_e及び実効抵抗R_eから成る電気回路に置きかえて考えることができる。

なお、アンテナの共振周波数fは、次の式で与えられる。

$$f = \frac{1}{2\pi\sqrt{L_e C_e}}$$

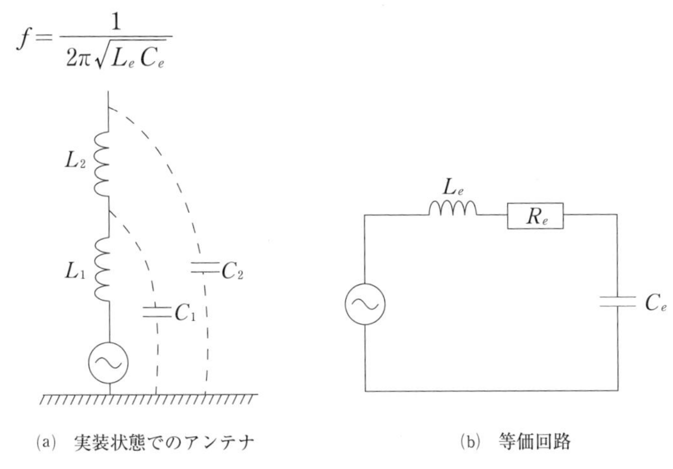

(a)　実装状態でのアンテナ　　(b)　等価回路

第10.2図　アンテナの等価回路

10.1.5　指向特性

アンテナには特定の方向性を持つものと、方向性を持たないものがある。このアンテナの方向性を指向性と呼んでいる。指向性には水平方向の特性である水平面内指向性と垂直方向の特性である垂直面内指向性がある。

方向性がないものは全方向性（無指向性）と呼ばれ、移動体通信に用いられることが多く、水平面内指向性は第10.3図(a)に示すようにアンテナを中心とする円になる。

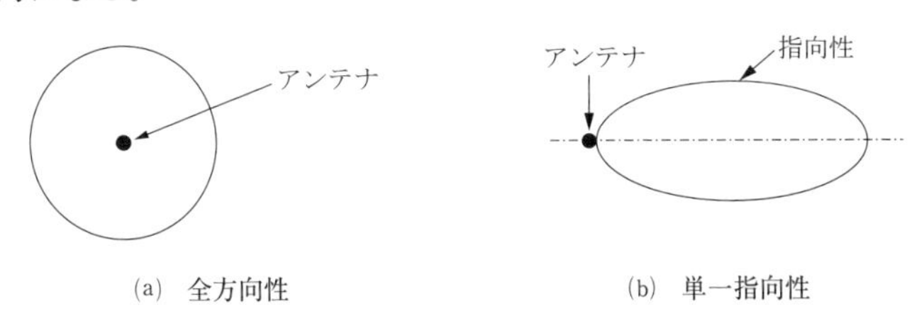

(a)　全方向性　　(b)　単一指向性

第10.3図　指向性（水平面内）

一方、特定の方向性を持つものは、単一指向性と呼ばれ、VHF/UHF帯で固定通信業務を行う無線局やテレビ放送の受信として広く用いられている。これは同図(b)に示すように単一方向となる。

実際のアンテナでは、第10.4図に示すように後方にバックローブ、側面にサイドローブが生じることが多い。

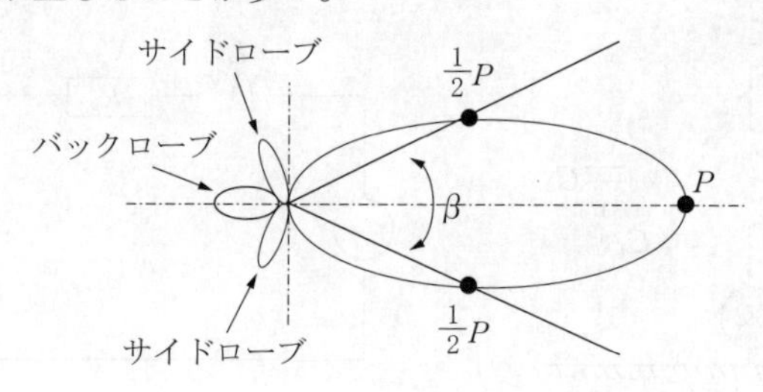

第10.4図　サイドローブとビーム幅

また、同図に示すように最大放射方向の最大電力Pの1/2となる２点で挟まれる角度βをビーム幅（半値幅）と呼んでいる。

なお、アンテナを電燈に例えれば、裸電燈は全方向性であり、スポットライトは単一指向性である。

10.1.6　利得

アンテナの利得とは、基準となるアンテナと比較して、どの程度強い電波を放射できるか、また、受信に用いた場合にはどれだけ強く受信できるかを示す指標の一つである。

基準アンテナとしては、半波長ダイポールまたは等方性アンテナ（アイソトロピックアンテナ）が用いられる。等方性アンテナは、あらゆる方向に電波を一様に放射する方向性のない点放射源であって、実在しない仮想的なアンテナである。このアンテナに対する利得を絶対利得、また、半波長ダイポールに対する利得を相対利得といって区別し、マイクロ波帯では絶対利得を用いる場合が多い。

したがって、利得の大きいアンテナは、強く電波を放射でき、更に受信に用いた場合には受信電力を大きくできる能力を持っていることになる。例えば、八木アンテナの利得は、ホイップアンテナやスリーブアンテナより大きい。また、パラボラアンテナの利得は、八木アンテナより大きい。

10.1.7　固定及び移動用空中線の取扱方法

・アンテナは無線機器の外部の上部に取り付ける。
・取り付け位置はできるだけ人体から離す。人体に密着させるような場合は少なくとも2～3cmは離すようにする。
・アンテナは折り曲げたり丸めたりしない。
・アンテナを外部に引き出す場合は必ず同軸ケーブルを使用し、インピーダンスの整合をとる。
・アンテナやアンテナ部品の落下などによって、人や物などに危害や損害を与える事がないように、安全な場所を選んで設置する。
・感電防止のため、アンテナは電線（電灯線、高圧線、電話線など）からできるだけ離れた場所に設置する。

10.2　各周波数帯の違いによる空中線の型式及び指向性

10.2.1　概要

多種多様のアンテナが、その特性を活かして無線通信などに用いられている。移動体通信には、水平面内指向性が全方向性のアンテナが適しており、移動局のアンテナには小型軽量が求められるが、基地局に性能の良い大型のアンテナを架設することによって総合的に通信品質を向上させている。一方、固定通信には水平面内指向性が単一指向性で利得のあるアンテナが用いられることが多い。

また、アンテナの長さ（大きさ）は、使用電波の波長に関係するので、MF/HF（中波/短波）帯では長く（大きく）なる。このため、アンテナの物理的な長さを短くして、コイルなどを付加することで電気的に共振させるアンテナも用いられている。

アンテナを選定する際には、指向性や利得などの特性だけでなく、用途、物理的な架設条件、経済性、維持管理の容易性などが総合的に検証される。更に、アンテナは周辺の影響を受けやすいので注意して取り扱う必要がある。

ここでは、各周波数帯別に代表的なアンテナを紹介するが、その周波数帯に限定されるものではなく、他の周波数帯でも用いられることが多い。

10.2.2　MF帯のアンテナ

MF帯では波長が非常に長いので、それに伴ってアンテナ長が長くなり、簡単に架設できない。そこで、第10.5図に示すようにアンテナ線をＴ型やＬを逆にした型に架設し、不足する長さをコイルで補う手法が用いられる。これらのアンテナの水平面内指向性は、概ね全方向性であるが、アンテナの設置環境に大きく影響される。この接地型アンテナでは、接地の良否がアンテナの性能に大きく影響するので設計及び日常の保守点検が重要となる。

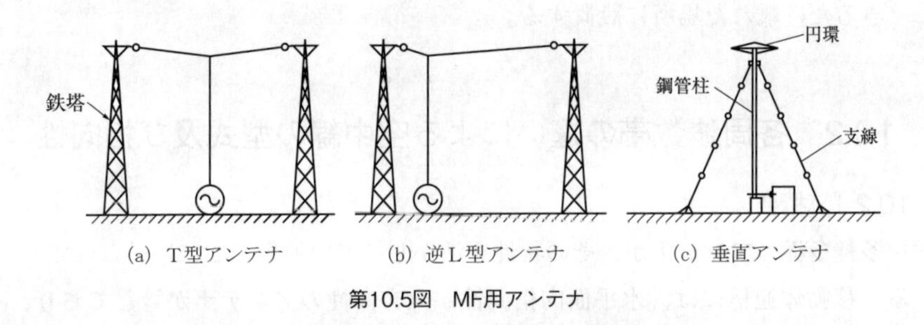

第10.5図　MF用アンテナ

10.2.3　HF帯のアンテナ

(1)　1/2波長水平ダイポールアンテナ

第10.6図(a)のように、アンテナ素子を水平に架設するのが水平ダイポールアンテナであり、水平面内指向性は、同図(b)に示すように、アンテナ素子と直角方向が最大点で、アンテナ素子の延長線方向が零となる８字特性である。

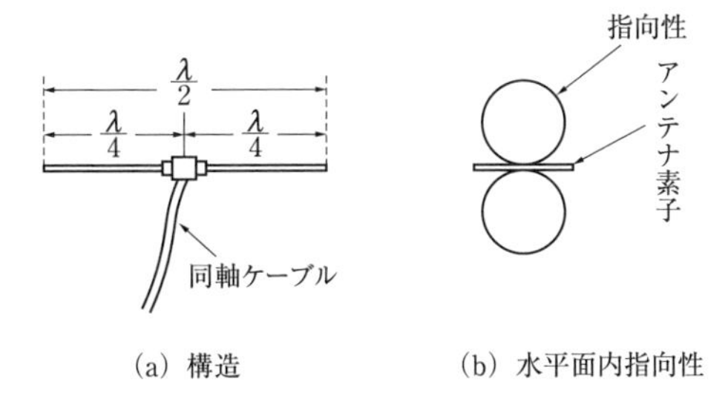

(a) 構造　　　(b) 水平面内指向性

第10.6図　1/2波長水平ダイポールアンテナ

(2) 1/2波長垂直ダイポールアンテナ

第10.7図(a)に示すように、アンテナ素子を大地に対して垂直に架設するのは1/2波長垂直ダイポールアンテナと呼ばれ、その水平面内指向性は、同図(b)に示すように全方向性であり、HF帯の高い周波数帯で用いられることが多い。

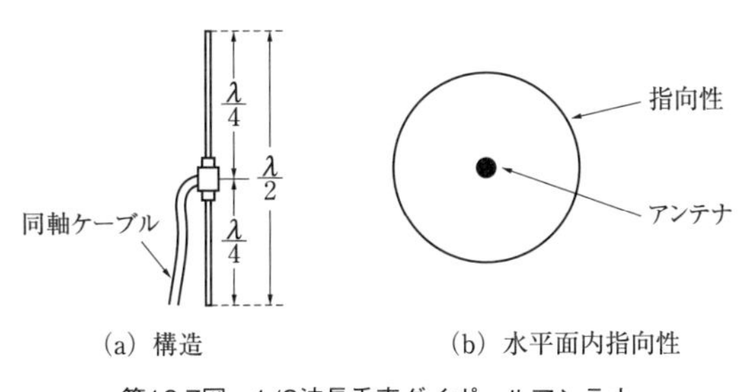

(a) 構造　　　(b) 水平面内指向性

第10.7図　1/2波長垂直ダイポールアンテナ

10.2.4　VHF帯及びUHF帯のアンテナ

(1) ホイップアンテナ（Whip antenna）

自動車の車体を大地に見立てると鏡面効果により接地アンテナ素子の長さを1/4波長（$\lambda/4$）にすることができる。第10.8図(a)に示すホイップアンテナは、この効果を利用しており、陸上・海上・航空移動無線局、携帯型トランシーバなどで用いられることが多い。水平面内指向性は、同図(b)に示すように全方向性である。

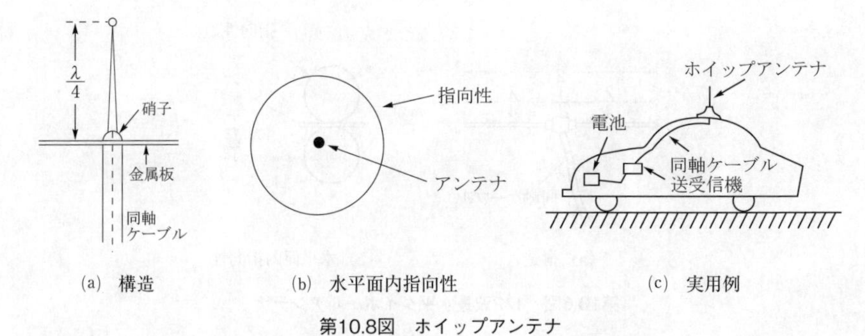

(a) 構造　(b) 水平面内指向性　(c) 実用例

第10.8図　ホイップアンテナ

(2) ブラウンアンテナ（Brown antenna）

ブラウンアンテナは、第10.9図(a)に示すように１本の1/4波長のアンテナ素子と大地の役割をする４本の1/4波長の地線で構成される。地線が大地の働きをするのでアンテナを高い場所に架設でき、通信範囲の拡大や通信品質の向上が図れる。水平面内指向性は、同図(b)に示すように全方向性である。VHF/UHF帯の基地局で用いられることが多い。実装されているブラウンアンテナを写真10.1に示す。

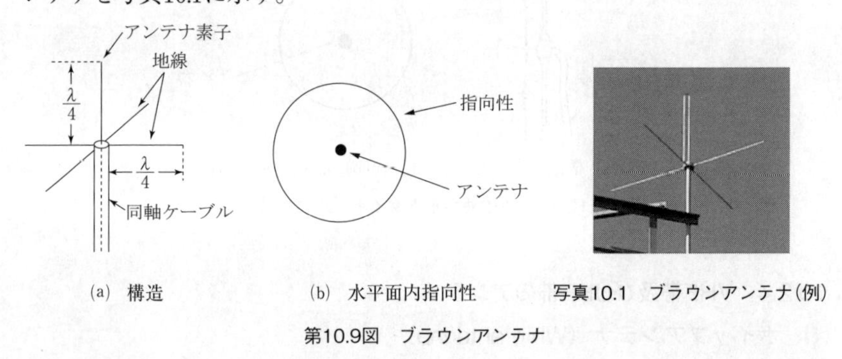

(a) 構造　(b) 水平面内指向性　写真10.1 ブラウンアンテナ(例)

第10.9図　ブラウンアンテナ

(3) スリーブアンテナ（Sleeve antenna）

スリーブアンテナは、第10.10図(a)に示すように同軸ケーブルの内部導体を約1/4波長延ばして放射素子とし、更に同軸ケーブルの外側に導体製の長さが1/4波長の円筒状スリーブを設けて上端を同軸ケーブルの外部導体（シールド）に接続したもので、全体で1/2波長のアンテナとして動作させるものである。水平面内指向性は、同図(b)に示すように全方向性である。実装されているスリーブアンテナを写真10.2に示す。

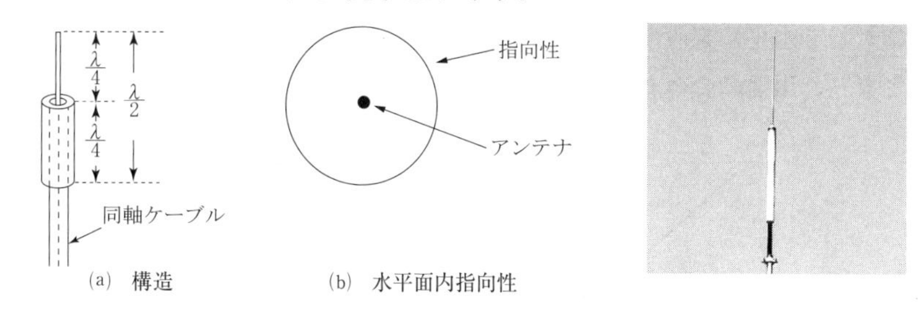

第10.10図　スリーブアンテナ

写真10.2　スリーブアンテナ

(4)　八木アンテナ

八木アンテナは、第10.11図(a)に示すように1/2波長ダイポールアンテナを放射器として中央に置き、その後方、およそ1/4波長のところに、1/2波長より少し長い素子（エレメント）の反射器を設け、逆に、1/4波長ほど前方に1/2波長より少し短い素子（エレメント）の導波器を配置したものである。水平面内指向性は、同図(b)に示すように単一指向性である。

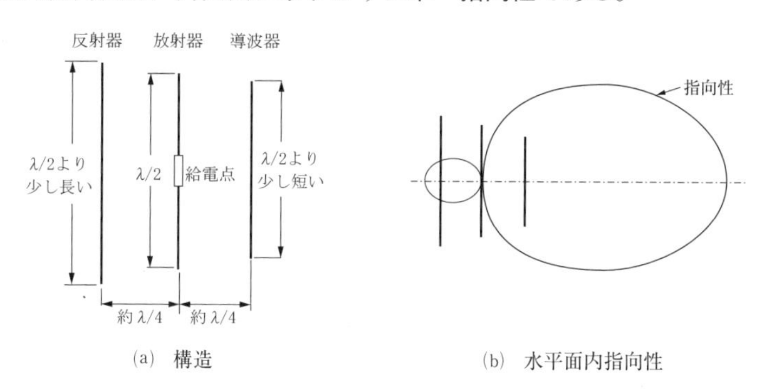

第10.11図　八木アンテナ

八木アンテナは、導波器の本数を増やすとある程度まで利得が増え、それに伴って水平面内指向性が鋭くなる。比較的簡単な構造で高い利得が得られるアンテナとして、テレビ放送やFM放送の受信、VHF/UHF帯の電波を用いる陸上固定通信などで広く用いられている。指向性があるのでアンテナの設置に際して方向調整を正しく行わなければならない。

なお、この八木アンテナは、第10.12図(a)に示すようにアンテナ素子を大地に対して水平に架設すると水平偏波、同図(b)のように垂直にすると垂直偏波となり、用途に合わせて使い分けられている。

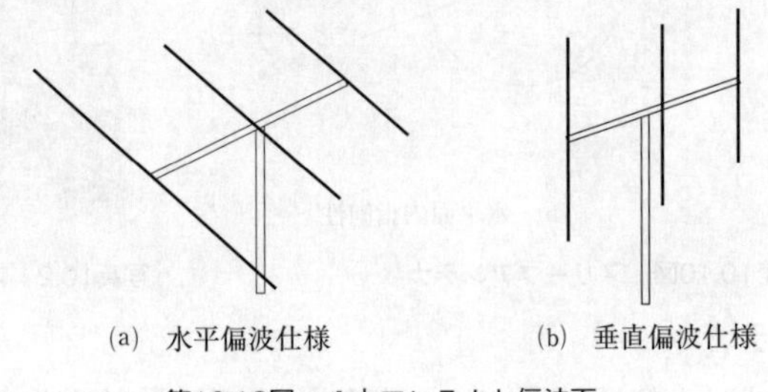

(a) 水平偏波仕様　　(b) 垂直偏波仕様

第10.12図　八木アンテナと偏波面

10.2.5　SHF帯のアンテナ

(1)　パラボラアンテナ

第10.13図に示すように放物面の焦点に置いた１次放射器から放射された電波は、回転放物面（パラボラ面）で反射され、パラボラの軸に平行に整えられ、一方向に伝搬する。逆に、一方向よりパラボラの軸に平行に伝搬して

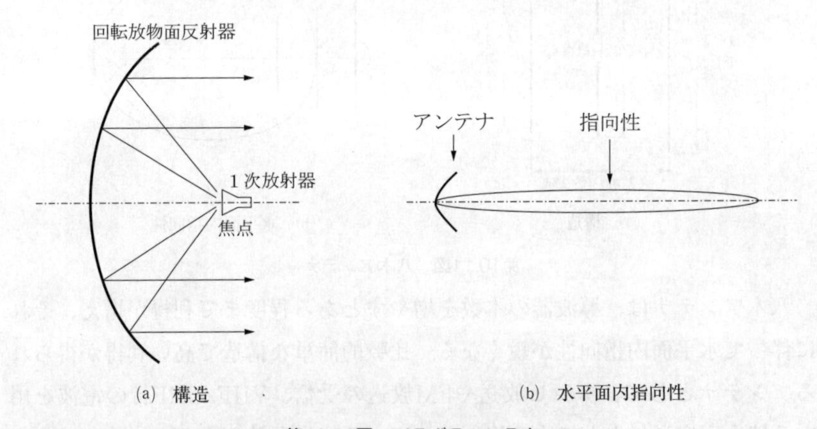

(a) 構造　　(b) 水平面内指向性

第10.13図　パラボラアンテナ

パラボラ面に達する電波は、パラボラ面で反射され焦点に置かれた1次放射器に収束され給電線（導波管）で受信部へ送られる。水平面内指向性は単一指向性である。実装されているパラボラアンテナの様子を写真10.3に示す。

パラボラアンテナは、非常に利得が高いので遠距離通信や微弱な信号の受信に適している。衛星通信、マイクロ波多重無線、レーダー、衛星放送受信などで広く用いられている。指向性が鋭いので設置に際して方向を正しく調整しなければならない。

写真10.3　実装されたパラボラアンテナ

⑵　オフセットパラボラアンテナ

オフセットパラボラアンテナは、第10.14図に示す構成概念図のように大型のパラボラ面の一部を使用し、1次放射器の位置をアンテナの正面からずらすこと（offset）により1次放射器や導波管の影響を軽減したものである。

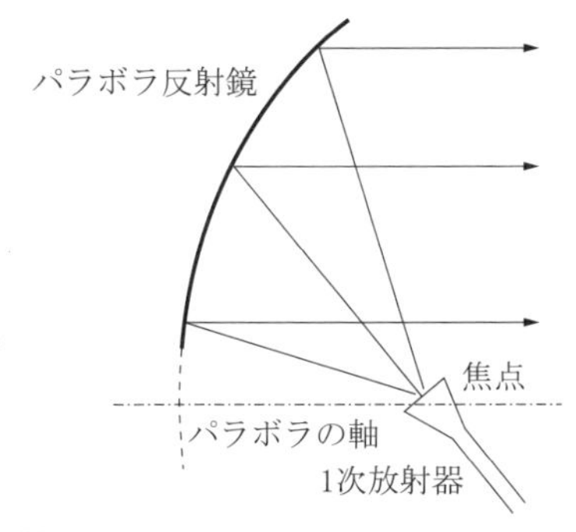

第10.14図　オフセットパラボラアンテナ

衛星放送受信アンテナの場合は、1次放射器に周波数変換器（コンバータ）が併設され、体積が大きくなるのでオフセットパラボラアンテナとすることが多い。

このアンテナの特徴は次のとおりである。

① 電波の通路上に障害物がないので効率が良い。

② サイドローブが少ない。

③ 衛星通信に用いる場合は、開口面が垂直に近くなるので、着雪や水滴などの付着が軽減される。

10.3 給電線及び接栓（コネクタ）

10.3.1 概要

給電線とは、アンテナで捉えられた電波のエネルギーを受信機に送るため、また、送信機で作られた高周波エネルギーをアンテナに送るために用いられる伝送線（ケーブル）である。この給電線として同軸ケーブルが広く用いられている。また、中空導体の導波管がマイクロ波以上の周波数帯で用いられている。

10.3.2 同軸ケーブル

同軸ケーブルは、第10.15図に示すように内部導体を同心円上の外部導体で取り囲み、絶縁物を挟み込んだ構造である。なお、整合状態で用いられている同軸ケーブルからの電波の漏れは非常に少ない。

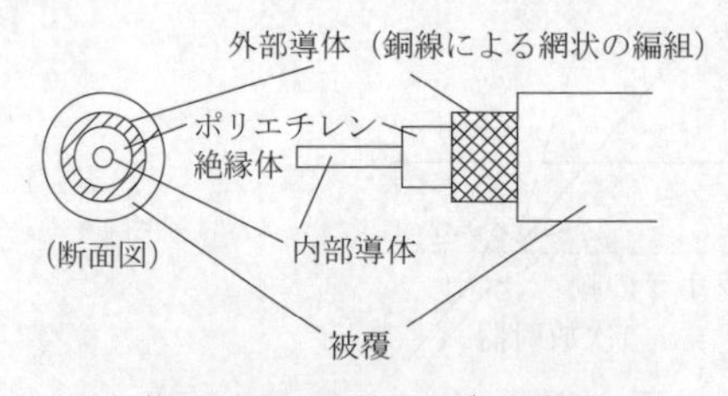

第10.15図 同軸ケーブルの構造

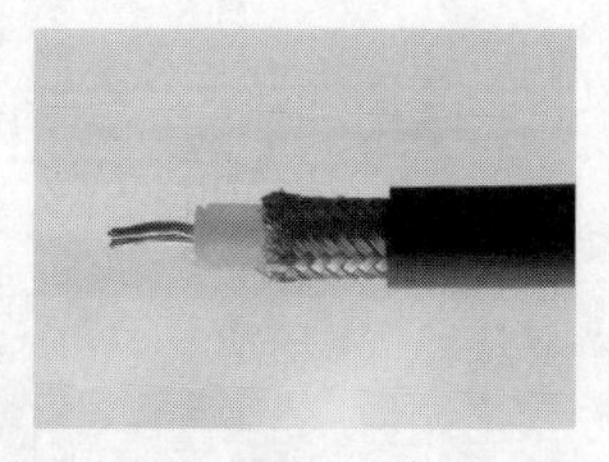

写真10.4 同軸ケーブルの一例

同軸ケーブルの高周波的な特性は、内部導体の直径と外部導体の直径及び内部導体と外部導体の間に挿入されている絶縁体（ポリエチレンなど）の種類によって異なる。なお、規格が異なる多種多様の同軸ケーブルが市販されており、使用に際しては注意する必要がある。また、信号の損失や位相の遅れを伴うので、決められた規格番号及び指定された長さのものを使用しなければならない。

10.3.3　平行二線式給電線

同軸ケーブルが非常に高価であった時代に短波帯や中波帯の信号を伝送するために第10.16図に示すような平行二線式給電線が用いられた。また、特性インピーダンスが200や300〔Ω〕の平行二線式ケーブルがテレビの受信用として一般家庭で用いられたことがある。現在では同軸ケーブルが主流となり、このような平行二線式給電線の使用は限定的となっている。

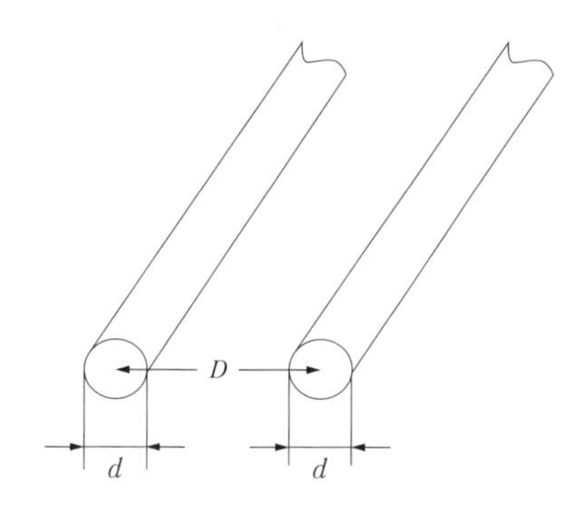

第10.16図　平行二線式の給電線

平行二線式給電線の特性は、線の直径d、2線間の間隔Dの値によって決まる。

平行二線式給電線には同軸ケーブルと比べて次のような特徴がある。

① HF帯以下の周波数では損失が少ない。

② 給電線からの電波の漏れが多い。

③　周囲の雑音を拾いやすい。

④　安価である。

10.3.4 導波管

SHF帯では給電線に同軸ケーブルを用いると損失が大きくなるので、給電線が長くなる場合やレーダーのように電力が大きい場合は、送受信機とアンテナ間の信号伝送には写真10.5に示すような中空導体管の導波管が用いられることが多い。

写真10.5　導波管の一例

しかし、導波管は同軸ケーブルと異なり、しゃ断周波数より低い周波数の高周波エネルギーを伝送できない。

導波管には次のような特徴があり、使用目的や用途に応じて同軸ケーブルと使い分けされる。

①　同軸ケーブルと比較すると損失が非常に少ない。

②　電波の漏れが極めて少ない。

③　管断面の長辺寸法で決まる周波数（しゃ断周波数）より低い周波数は伝搬できない。

④　管内に結露などが生じないように乾燥した空気を送るデハイドレータ（乾燥空気充填装置）が必要である。

⑤　一般に柔軟性に欠け、取り扱いが難しく、振動や地震に弱い。

⑥　高価である。

10.3.5　同軸コネクタ（同軸接栓）

同軸ケーブルを送受信機やアンテナに接続する際に用いられるのが同軸コネクタ（同軸接栓）である。写真10.6に示すような形状の異なる同軸コネクタが用途に応じて使い分けられる。なお、形状が異なると互換性が得られないので、送受信機やアンテナで使用されているコネクタの形状、直径、運用周波数帯に合う同軸コネクタを用いる必要がある。また、同軸ケーブルの直径に適合する同軸コネクタを使用しなければならない。

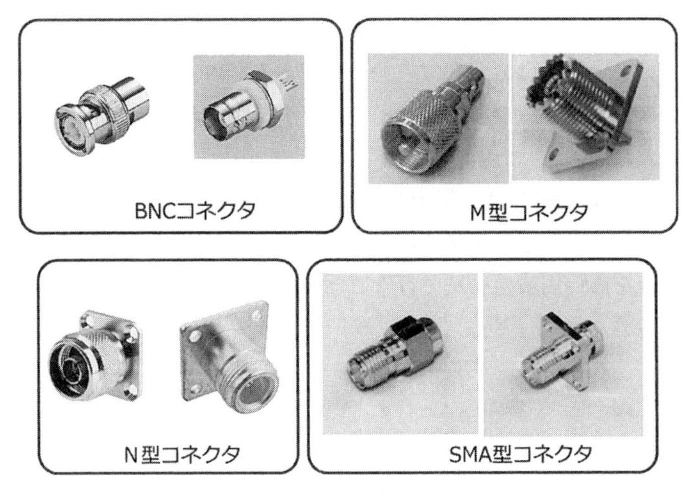

写真10.6　各種同軸コネクタ

なお、インピーダンスは使用機器及びアンテナのインピーダンスと同じまたは近いものでなければならない。

各コネクタには使用限度の周波数帯が設定されているので、使用周波数に合ったコネクタでなければ減衰が大きくなる。

例を記載すると、

①　BNCコネクタは、4〔GHz〕帯まで

②　N型コネクタは、10〔GHz〕帯まで

③　SMA型コネクタは、22〔GHz〕帯まで

などとなっている。

10.4　整合

送信機の出力を給電線を用いて効率よくアンテナに伝送するためには、送信機、給電線（同軸ケーブル）、そしてアンテナのある条件を満足させなければならない。それがインピーダンス整合と呼ばれるものである。

10.4.1　インピーダンス整合

アンテナの給電点インピーダンスR_aと給電線の特性インピーダンスZ_0が一致していない場合は、定在波の発生を抑えるため、アンテナの給電点インピーダンスを同軸ケーブルの特性インピーダンスに合わせるインピーダンス整合が行われる。

インピーダンス整合は、第10.17図に示すようにアンテナの給電点で行われる。アンテナの特性や用途に応じて適切な方式が適用されるが、インピーダンス整合を広い周波数帯域で行うことは難しく、単一周波数での整合となることが多い。

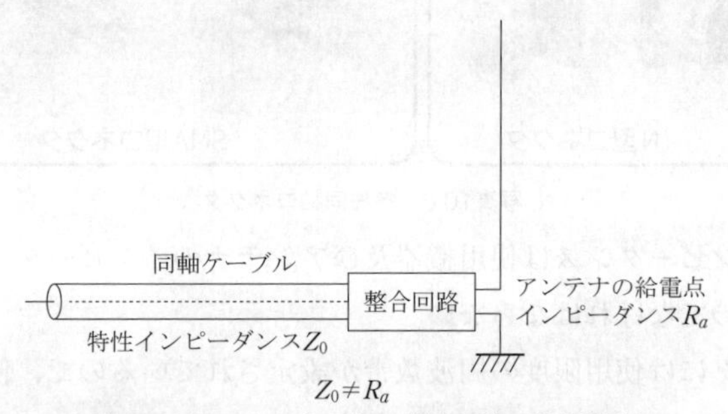

第10.17図　インピーダンス整合回路の挿入箇所

一例として、コイルやコンデンサによる整合の方法を第10.18図に示す。コイルLのインダクタンスとコンデンサCの容量を適切な値に調整するとアンテナの給電点インピーダンスR_aと同軸ケーブルの特性インピーダンスZ_0を整合させることができる。

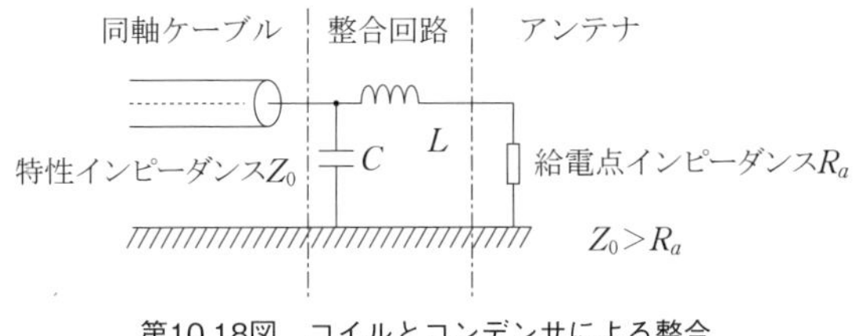

第10.18図　コイルとコンデンサによる整合

10.4.2　整合条件

送信機の出力である高周波電力を効率よくアンテナに供給するためには、インピーダンス整合が取れていなければならない。その整合条件は、第10.19図に示すように送信機の出力インピーダンスをZ、伝送線路の特性インピーダンスをZ_0、アンテナの特性インピーダンスをRとし、伝送線路を無損失とすると、$Z=Z_0=R$が満たされることである。

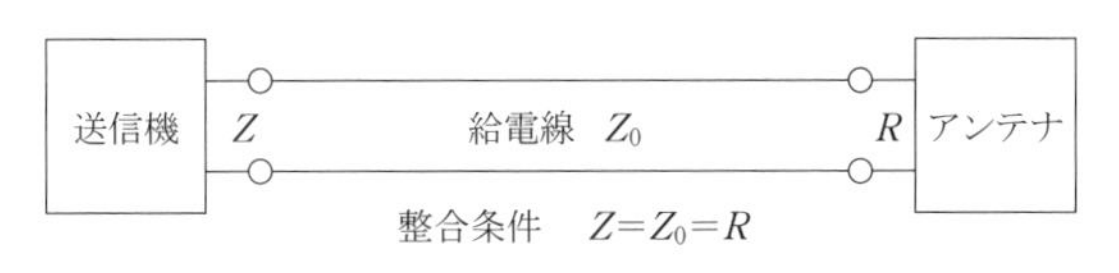

第10.19図　整合条件

受信の場合は、アンテナが受け取った電波の高周波エネルギーを給電線を用いて受信機に効率よく伝送する必要がある。アンテナと給電線（同軸ケーブル）を送受信に共用することが多いので、アンテナと給電線のインピーダンス整合は、送信と受信の両方に適用される。

また、ダイポールアンテナや八木アンテナなどの平衡アンテナに不平衡伝送線路である同軸ケーブルで給電する際に平衡と不平衡の変換が行われる。この平衡－不平衡変換も整合として取り扱われることが多い。

10.4.3　定在波

第10.20図に示すように、アンテナの給電点インピーダンスR_aと給電線の特性インピーダンスZ_0が不整合の場合は、送信機からアンテナに供給された高周波電力の一部が送信機側に戻る**反射波**が生じる。なお、送信機からアンテナに向かうものを**進行波**という。

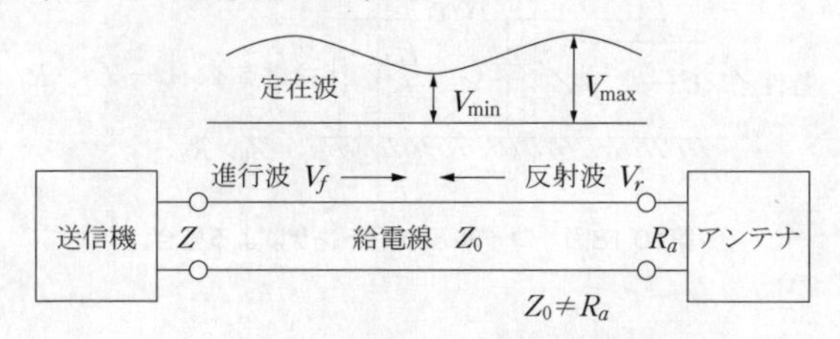

第10.20図　給電線上の進行波と反射波

給電線上の進行波と反射波は、互いに位相が合う位置では強め合い、逆位相の位置では弱くなり、給電線上に電圧の最大点と最小点を持つ波を作る。この波は最大点と最小点が給電線上で動かないので**定在波**（Standing Wave）と呼ばれる。反射波が生じると反射損が発生するので、可能な限り反射波を少なくしなければならない。インピーダンス整合が取れている場合は、進行波のみが効率よくアンテナに供給されるので、定在波は存在しない。

10.4.4　SWR

給電線上の定在波の状態を表すものとして定在波比（SWR：Standing Wave Ratio）が用いられる。SWRは、第10.20図に示す定在波の電圧の最大値をV_{max}、最小値をV_{min}、とすると次式で示される。

$$\mathrm{SWR} = \frac{V_{max}}{V_{min}}$$

SWRの最小値は、定在波が存在しない整合状態のときで「1」となる。また、SWRは電圧で定義されることから電圧を意味するVを付けてVSWRとも呼ばれている。

定在波が発生すると次のような不都合が生じる。

① 同軸ケーブルから電波が漏れ、電波障害の原因になる。
② 同軸ケーブル上に高電圧の高周波が発生するので危険である。
③ 送信機の電力増幅回路の動作が不安定になる。

④　上記③により、異常発振やスプリアス発生の原因となる。

10.4.5　平衡・不平衡の変換（バラン）

ダイポールアンテナや八木アンテナのような平衡型アンテナに、不平衡伝送路である同軸ケーブルで給電すると、同軸の外側導体（シールド）に電流が流れ込み、アンテナの放射特性などが影響を受ける。また、この外部導体を流れる電流により同軸ケーブルから電波が発射されることがある。

この不都合を解決する方法の一つとして、第10.21図に示すような平衡－不平衡の変換器であるバラン（Balun：Balance to unbalance）が用いられる。各種のバランが考案されているが、広帯域トランスを利用するものは、コイルの巻き方などによりインピーダンスを変換することもでき、VHF帯を上限として利用されている。なお、バランの選定に際しては、周波数帯幅と許容電力を確認する必要がある。

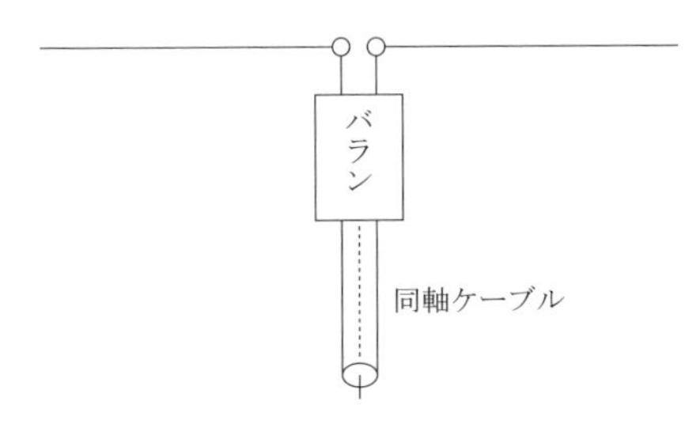

第10.21図　バランによる給電

第11章　電波伝搬

11.1　概要

アンテナから放射された電波が空間を伝わる際に受ける影響は、周波数と電波の伝わる環境によって大きく異なる。

HF帯（短波）の電波は、第11.1図に示すように地球の上空に存在する電離層で反射され遠くまで伝わる。しかし、電離層の状態が時々刻々変化するので電離層反射波を利用する通信は、不安定で信頼性が低い。

一方、VHF/UHF帯（超短波／極超短波）の電波は、同図に示すように電離層を突き抜け、地上に戻ってこない。VHF/UHF帯の電波が伝わる範囲は、アンテナが見通せる距離を少し越える程度であり、アンテナの高さや伝搬路の状態によって異なる。

人工衛星による中継を利用する通信には、雨滴による減衰や電波伝搬に伴う損失が少なく、かつ電離層を突き抜ける周波数を用いる。

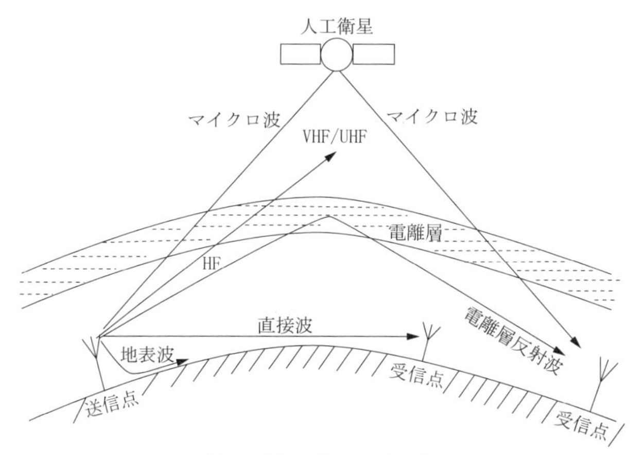

第11.1図　電波の伝わり方

メ モ

11.2 MF/HF帯の電波の伝わり方

11.2.1 MF帯の電波の伝わり方

(1) 基本伝搬

MF帯（中波）では、昼間は電離層波を利用できないので、地表波（地表に沿って伝わる波）が主体となる。

(2) 異常伝搬

夜間になると、電離層の状態が変わり、電離層で反射された電波が地上に戻るので遠距離にまで伝わる。例えば、夜間に500〔km〕～1000〔km〕離れた場所の中波のラジオ放送が聞こえるのは、このためである。

11.2.2 HF帯の電波の伝わり方

(1) 基本伝搬

HF帯（短波）では地表波の減衰が大きいので、電離層波が主体となる。電離層波は、第11.2図に示すように、電離層と大地の間を反射して伝搬するので、遠くまで伝わる。

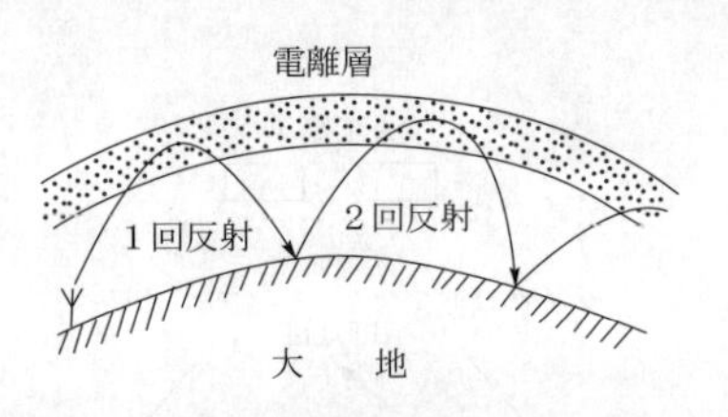

第11.2図　HF帯の伝わり方

(2) 異常伝搬

HF帯の電波を用いる通信や放送は電離層の状況により電波の伝わり方が時々刻々変化することに起因して受信音の強弱やひずみを生じるフェージングと呼ばれる現象がしばしば発生する。また、地上波と電離層波など複数の異なった伝搬経路を通ってきた電波の干渉などによっても生じる。

さらに、太陽の活動の異常によって電離層が乱されると、HF帯の電波は電離層で吸収され反射されなくなり、通信ができなくなることがある。

11.3　VHF/UHF帯の電波の伝わり方

11.3.1　基本伝搬

VHF/UHF帯（超短波/極超短波）の電波は、電離層を突き抜けるので伝わる範囲が後述する**電波の見通し距離**に限定される。このため、VHF帯より高い周波数帯では、アンテナを高い所に設置すると電波は遠くまで伝わる。また、VHF/UHF帯の**地表波**は、送信地点の近くで減衰するので通信に使用できない。

一般に、VHF/UHF帯では、第11.3図に示すように送信アンテナから放射された電波が直進して直接受信点に達する**直接波**と地表面で反射して受信点に達する**大地反射波**の合成波が受信される。しかし、直接波より反射波が時間的に遅れて到達するので、直接波と反射波が干渉することがある。

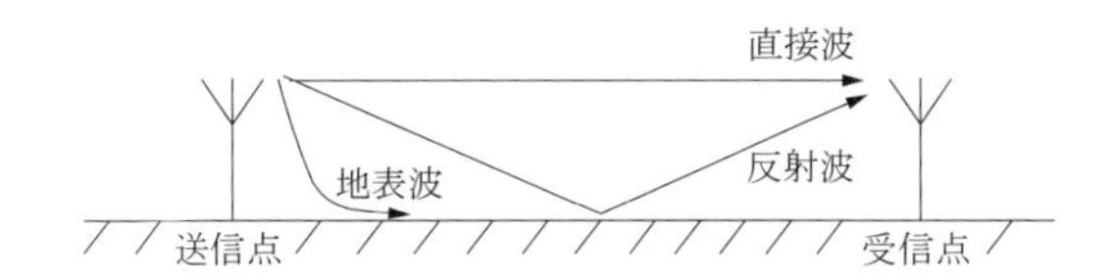

第11.3図　VHF/UHF帯の電波の伝わり方

11.3.2　異常伝搬

VHF/UHF帯の電波は、山やビルなどで遮断され、電波の見通し距離内であっても、その先へ伝搬しない。しかし、山やビル（建物）などで反射されることで**多重伝搬経路**（マルチパス：「11.5　遅延波による影響」の項を参照。）が形成され、**遅延波**が発生する。また、春から夏にかけて時々発生する電離層の**スポラジックE層**（Es層）で反射され電波の見通し距離外へ伝わることがある。更に、上空の温度の異常（逆転層）などにより大気の屈折率が通常と異なることで生じる**ラジオダクト**内を伝搬し、電波の見通し距離外へ伝わることがある。

なお、VHF帯以上の周波数の電波は、見通し距離外や、障害物の陰には直接波や大地反射波が到達しなくなるので、一般に電界が急激に弱くなるが零にはならない。これは第11.4図(a)のように電波の回折によるものである。このように回折によって見通し距離外に伝搬する電波は、回折波と呼ばれる。また、同図(b)のように送受信点間の途中に山岳のような急しゅんな障害物があると、その回折現象によって強い電界強度で受信されることがある。

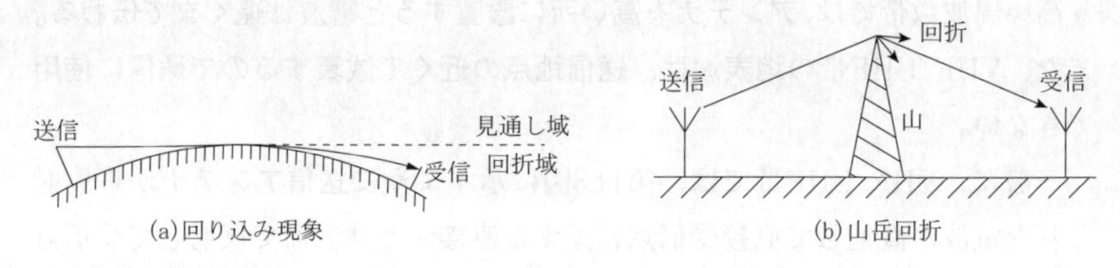

第11.4図　回折波

11.3.3　特徴

VHF/UHF帯の電波の伝搬には、次のような特徴がある。

① 直接波は、電波の見通し距離内の伝搬に限定される。

② 地表波は、送信地点の近くで減衰する。

③ 大地や建物などで反射されマルチパス波が生じる。

④ 市街地では直接波とマルチパス波の合成波が受信されることが多い。

⑤ スポラジックＥ層を除き電離層を突き抜ける。

⑥ VHF帯の電波はスポラジックＥ層やラジオダクトによる異常伝搬で見通し距離外へ伝搬することがある。なお、UHF帯の電波はラジオダクトの影響を受け異常伝搬する。

⑦ ビルなどの建物内に入ると大きく減衰する。

11.4　SHF帯の電波の伝わり方

11.4.1　基本伝搬

SHF帯では、送信アンテナから受信アンテナに直接伝わる直接波による伝搬が主体である。SHF帯の電波は、電離層を突き抜けるので、電波の見通し距離内での伝搬となる。また、地表波も送信点の近くで減衰するので通信に利用できない。

この周波数帯では、VHF/UHF帯と同様に送受信アンテナを高いところに架設すると、見通せる距離が伸びるので電波が遠くまで伝わる。

11.4.2　異常伝搬

SHF帯の電波は、次のような異常伝搬によって伝わることがある。

① 複数の経路を経て受信点に到達する多重伝搬
② ラジオダクトによる見通し外伝搬
③ 山岳回折による見通し外伝搬
④ 10〔GHz〕を超えると雨滴による減衰を受けやすくなる。

11.4.3　特徴

SHF帯電波の伝搬には、VHF/UHF帯の電波と比べて次のような特徴がある。

① 電波の伝わる際の直進性がより顕著である。
② 伝搬距離に対する損失（伝搬損失）が大きい。
③ 建物の内部などに入ると大きく減衰する。
④ 雨滴減衰を受けやすい。
⑤ 長距離回線は、大気の影響などにより受信レベルが変動しやすい。

11.5 遅延波による影響

第11.5図に示すように多重伝搬路（マルチパス）が発生すると最初に受信点に到達した電波に比べ、他の伝搬路を伝わってきた電波は距離に応じて遅れて到達する。デジタル移動体無線通信に悪影響を与えるのは、複数の伝搬路を経由して受信地点に達する多数の遅延波の存在である。

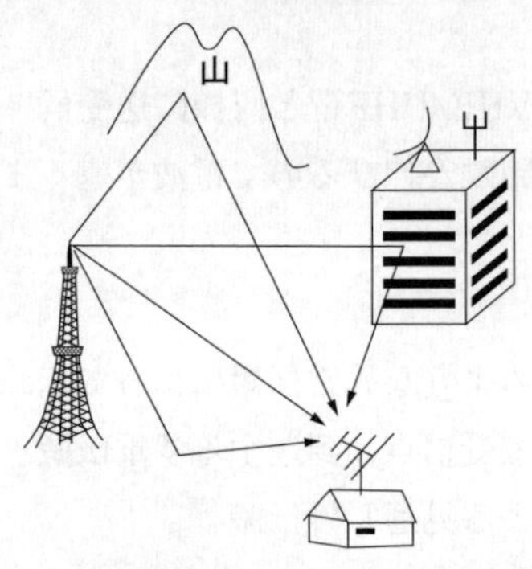

第11.5図　マルチパス

マルチパスが存在する伝搬路の伝搬時間と受信電力の関係を示す遅延プロファイルは、最初に伝搬遅延時間が最も短い直接波が大きな電力（受信信号レベル）で到来し、順次、遅延波が到来する第11.6図のような特性になることが多い。遅れて到達する信号は、先に到達している信号に重なり、波形ひ

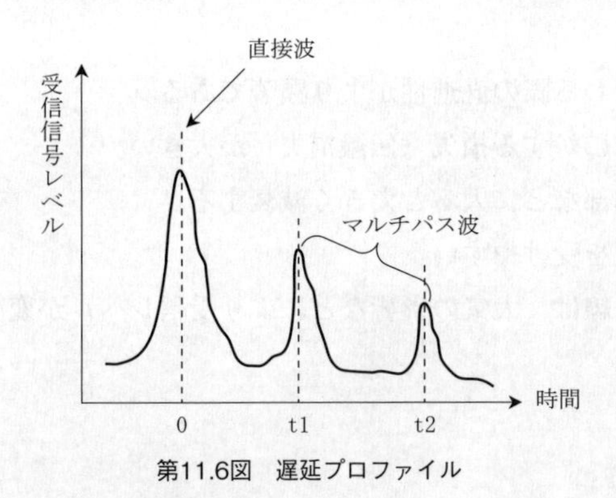

第11.6図　遅延プロファイル

ずみなどを生じさせ、デジタル信号の符号間干渉を引き起こし、符号誤り率(BER：Bit Error Rate) を劣化させることがある。

一方、アナログの音声通信の場合には、一般的に陸上で生じるマルチパスによる遅延時間は、人間の聴覚の特性により影響が殆ど認識されない。

市街地などでは、地表面や周辺の建物による反射波や回折波が多く存在し、直接波のみで通信することは少ない。一般に、直接波とマルチパス波の合成波を受信することになる。

なお、CDMA方式の携帯電話では、マルチパスによる遅延波をRAKE受信と呼ばれる手法により遅延時間を合わせて同位相で合成することで受信電力の増加と安定化を図っている。

地上デジタルテレビ放送、4G携帯電話、WiMAX、無線LAN（Wi-Fi）などで採用されているOFDM（Orthogonal Frequency Division Multiplexing:直交周波数分割多重）技術は、多数の直交周波数関係にある搬送波（キャリア）を用いて各キャリアの実質的な変調速度を遅くすること及び各シンボル間にガードインターバル（緩衝時間帯）を設けることで遅延波の影響を抑えている。

11.6　電波の見通し距離

一般に、VHF帯以上の電波を使用する通信のサービス範囲（カバレージ）は、電波の見通し距離内に限定され、アンテナの高さに大きく依存することになる。この理由は地球の地表面が湾曲しているためである。また電波は地表面の大気によって少し屈折するので幾何的な見通し距離より少し遠くまで伝わる。この距離を電波の見通し距離という。

なお、電波の見通し距離は、次のように計算によって求めることができる。例えば、A局のアンテナの高さを$h_a = 100$〔m〕、B局のアンテナの高さを$h_b = 25$〔m〕とすると、電波の見通し距離d〔km〕は、次式により求められる。

$$d = 4.12 \times \left(\sqrt{h_a} + \sqrt{h_b}\right)$$
$$= 4.12 \times \left(\sqrt{100} + \sqrt{25}\right) = 61.8 \text{〔km〕}$$

したがって、この条件によるサービスカバレージは、62〔km〕程度となる。

第12章　混信等

12.1　混信の種類

無線通信では、他の無線局の発射する電波により通信が妨害されることがある。混信の主な原因として次のようなものが考えられる。

① 技術基準不適合

電波の質が技術基準を満たしていない電波は、不要な周波数成分を含むことが多いので、通信や放送の受信に障害を与える可能性がある。

② 不法無線局の運用

不法無線局は正規の無線装置を使用せず、周波数割り当てもなく不正運用するので、その運用により混信や干渉が発生する可能性がある。

③ 受信周波数近傍の強力な信号

近接周波数の信号に対する受信機の選択能力が低いので、受信周波数近傍の強力な信号によって混信や干渉が起きることがある。

④ 電波の異常伝搬

スポラジックＥ層（Es層）やラジオダクトが発生すると、電波が通常の到達範囲を超えて伝わるので、混信や干渉が起きることがある。

⑤ 受信機の性能不良

受信機の動作原理や非線形性などにより特定の周波数の信号によって混信や干渉が起きることがある。

12.2　一般的な対策

混信や干渉障害は、発生原因や状況により異なるが次のような対策によって軽減できることが多い。しかし、完全に取り除くことは難しい。

メ モ

① 受信機の入力段へのフィルタや同調回路の挿入

② 多信号特性（複数の信号に対する特性）や選択度特性の良い受信機の使用

③ 送信電力の最適値化（必要最低限とする。）

④ 不必要な無線通信の抑制

⑤ 指向性アンテナの利用

⑥ アンテナの位置や無線局の設置場所の適正化

12.3 混変調と相互変調

12.3.1 混変調（Cross Modulation）による混信

希望する電波を受信している時、変調された強力な電波（妨害波）が混入すると、受信機の非直線性のために、妨害波の変調信号によって希望波が変調を受ける現象を混変調という。

混変調が最も発生しやすいのは、普通の受信機の場合、高周波増幅器や周波数混合器である。また、混変調は、大電力の送信所の近くに設置された受信機内で発生しやすい。

12.3.2 相互変調（Inter Modulation）による混信

希望する電波を受信している時、二つ以上の強力な電波が混入し、受信機の非直線性によって受信機内で合成された周波数が受信周波数に合致したときに生じる混信は、相互変調によるものであることが多い。

例えば、二つの妨害波が同時に周波数混合器のような非直線回路に入ると、相互変調によって周波数混合器の出力にはこれらの周波数、あるいは、その高調波どうしの和と差の周波数の混合波が無数に発生する。これらの周波数が受信周波数に合致したとき、混信妨害を受けることになる。

相互変調は、等しい間隔で周波数が割り当てられた複数の無線局が近接して設置されているときに発生しやすい。

12.3.3　対策

① 受信機初段に選択度特性の優れたBPFを挿入し、非希望波を抑圧する。

② 特定の周波数による妨害には、受信機の入力回路に当該周波数のトラップ（特定の周波数の信号のみを減衰させるもの）を挿入する。

③ 直線性の良い素子や回路を用いる。

12.4　感度抑圧効果

感度抑圧効果は、受信機において近接周波数の強力な非希望波によって希望波の出力レベルが低下する現象である。これは強力な非希望波によって受信機の高周波増幅回路や周波数混合器が飽和し、増幅度が下がるために生じるものである。

感度抑圧対策として、次のような手法が用いられることが多い。

① 高周波増幅回路の利得は、S/Nを確保できる範囲で必要最小の値とすること。

② 各段のレベル配分の適正化により飽和を防ぐこと。

③ 飽和に強い増幅回路や周波数混合器を用いること。

④ 高選択度特性の同調回路やBPFを受信機の入力端に挿入し、非希望波のレベルを抑圧すること。

12.5　影像周波数混信

スーパヘテロダイン方式の受信機（受信周波数を中間周波数（IF）に変換して増幅し復調する方式）において、その動作原理から避けられない現象として発生するのが**影像周波数混信**である。

すなわち、受信周波数± 2 ×中間周波数（IF）を影像周波数と呼び、この影像周波数の信号は、周波数変換により目的の周波数の信号と同じように中間周波数（IF）に変換されるので混信を起こすことになる。

例えば、受信周波数を100〔MHz〕、中間周波数を10〔MHz〕、局部発振周波数を90〔MHz〕とすると、影像周波数は80〔MHz〕である。したがって80〔MHz〕の信号が受信機に加わると妨害となる。また、局部発振周波数を110〔MHz〕とした場合の影像周波数は120〔MHz〕である。

受信機の影像周波数混信対策として、次のような手法が用いられることが多い。

① 入力回路などに急峻な同調回路を設けること。

② 中間周波数を高く選ぶこと。

③ 特定の周波数の場合には、入力回路にトラップを挿入すること。

④ 指向性アンテナの利用により、その影響を軽減すること。

12.6 スプリアス発射

12.6.1 概要

無線通信装置のアンテナから発射される電波には、スプリアスと呼ばれる必要周波数帯域外の不要な成分が含まれている。スプリアスは、本来の情報伝送に影響を与えずに低減できるものを意味することが多く、変調の過程で生成される必要周波数帯に近接する周波数成分と区別されている。

主なスプリアスには次のようなものがある。

① 低　調　波……送信周波数の整数分の１の不要波

② 高　調　波……送信周波数の整数倍の不要波

③ 寄 生 発 射……低・高調波以外の不要波

④ 相互変調積……二つ以上の信号によって生成される不要な成分

スプリアスの発射は、他の無線局が行っている通信に妨害を与える可能性があり、そのレベルは、少なくとも許容値内で、更に可能な限り小さな値にしなければならない。

12.6.2　原因と対策

スプリアスの原因と対策は次のとおりである。

①　振幅ひずみ

・原因：増幅器などの振幅ひずみ（出力信号の波形が入力信号の波形と異なる。）による高調波の発生

・対策：直線性の良い増幅器やトランジスタなどを用い、更に各増幅回路の利得配分を適正化する。

②　周波数生成回路の不良

・原因：周波数混合器や逓倍回路など周波数を生成する過程における不適切な周波数の組み合わせ、回路の調整不良、不要成分の抑圧不足

・対策：VCO、周波数混合器、逓倍回路、周波数シンセサイザなどを適切に配置し、シールドを厳重に行い、各回路を正しく動作させ、フィルタを正しく調整して不要波のレベルを抑える。

③　フィルタの特性不良

・原因：不要波などを抑圧するために用いるフィルタの特性不良または調整不良

・対策：正しく設計されたフィルタを適切に配置し、正しく調整して不要波のレベルを抑える。

④　発振器の不良

・原因：水晶発振器や周波数シンセサイザの動作不良

・対策：発振回路、周波数混合器、増幅器などを適切に動作させ、不要波の発生を少なくし、更に適切なフィルタにより不要波の強さを抑える。

⑤　電力増幅器の異常発振

・原因：電力増幅に伴う異常発振

・対策：入力と出力が結合しないように遮へい（シールド）を十分に行う。部品を適切に配置し結合を防ぐ。高周波的なアース（接地）を確実に行う。適切な高周波チョークやバイパスコンデンサを用いる。

⑥　アンテナと給電線の不整合

・原因：不整合により送信機に戻った反射波によって送信機の電力増幅回路が不安定になることで起きる異常発振

・対策：アンテナと給電線の整合を適切に行う。

12.7　外部雑音

12.7.1　概要

一般に受信機は、各種の電気設備、機械器具から発生する妨害電波（以下「外部雑音」という。）によって妨害を受けることがある。

雑音源としては、高周波ミシン、高周波加熱装置、送電線、自動車、発電機のブラシの火花、インバータ、電気ドリル、電気医療器、蛍光灯、ネオンサインなど数多く存在する。また、給電線のコネクタのゆるみによる接触不良が雑音を発生させることもある。

これらの雑音は、直接空間に放射されたり、あるいは電源などの配線に沿って伝わったり、種々複雑な経路を経て受信機に妨害を与える。

FM受信機は、これらの雑音の影響を受けにくい性質をもっているが、受信する電波に比べ強力な雑音が加われば、かなり妨害を受ける。

この雑音対策としては、原因を調べて、雑音が発生しないように処置することが望ましいが、実際には、外部からの雑音の発生源を究明することは困難である。

12.7.2　対策

これらの雑音への対策として、次に述べる方法が用いられることが多い。

①　送受信機のきょう体の接地を完全にすること。

②　電源の配線に沿って伝導してくる雑音を防止するには、第12.1図に示すようなCまたはLとCを組み合わせた雑音防止器（フィルタ）を電源回路に挿入する。

③　近くの送電線などによって雑音が発生しているような場合は、アンテナを雑音源から遠ざけて雑音が入らない場所に移す。

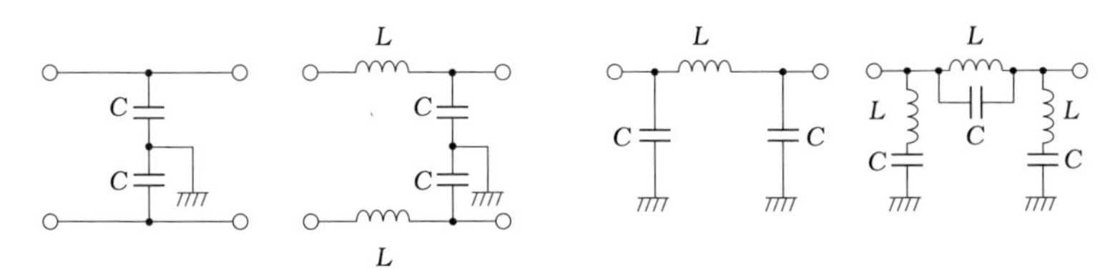

第12.1図　防止器の例

第13章　電源

13.1　電源回路

電源は、大別すると受電装置、発電装置、整流装置、蓄電池、電源安定化装置に分類できる。

無線通信装置に用いられている電子部品は、直流（DC）で動作するものが大部分であり、動作に必要な電圧は、回路や部品の種類によって異なり、多種多様である。

通信装置の安定した動作を確保するためには、電源装置から供給する電圧や電流が安定で、かつ、安全でなければならない。

13.2　直流供給電源

13.2.1　概要

直流電源装置は、第13.1図に示す構成概念図のように交流を変圧器で所要電圧に変換した後に整流回路、平滑回路、安定化回路を用いて安定な直流電力を供給する装置である。

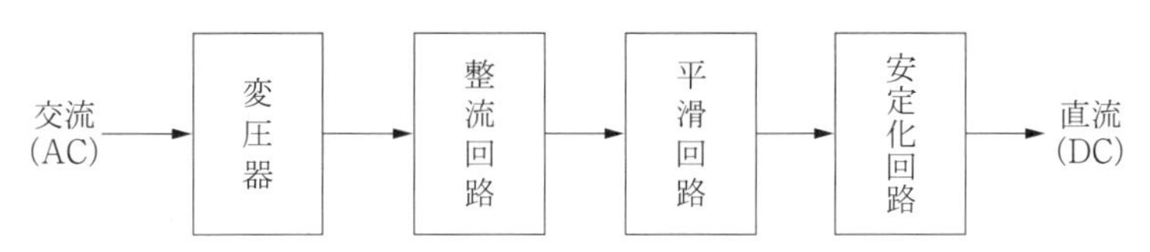

第13.1図　直流電源装置の構成概念図

13.2.2　整流回路

整流回路は、交流から直流を作るときに、第13.2図(a)に示すようにダイオードの整流作用（順方向の電流は流すが逆方向の電流は流さない）を利用して

メモ

一方向に流れる電流のみを取り出す働きをする。しかし、この整流回路の出力は、同図(b)に示すように交流成分が残留した脈流であり、無線装置などを動作させるには不適当である。無線機器や電子機器を適切に動作させるには、この脈流を可能な限り直流に近づける必要がある。

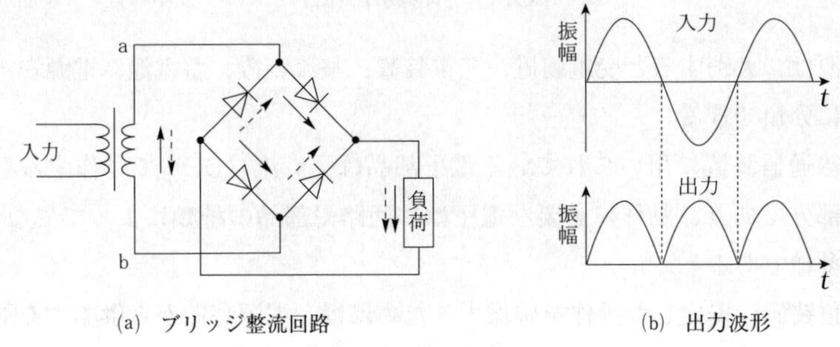

(a) ブリッジ整流回路　(b) 出力波形

第13.2図　整流回路

13.2.3　平滑回路

平滑回路は、脈流を含んだ不完全な直流をできるだけ完全な直流にするための回路であり、整流回路から出力された脈流を直流に近づけるため、第13.3図(a)に示すようなコンデンサCと低周波コイルL（低い周波数の信号に対して抵抗をもつ。）から成る平滑回路が用いられる。平滑回路のコンデンサは、低周波コイルを通して整流回路の出力電圧の最大値で充電される。そして、このコンデンサに蓄えられた電圧は、出力電圧が下がると放電される。この結果、完全な直流ではないが、同図(b)に示すような出力が得られる。出力の滑らかさは、LとCの値や負荷に流れる電流の値によって異なる。

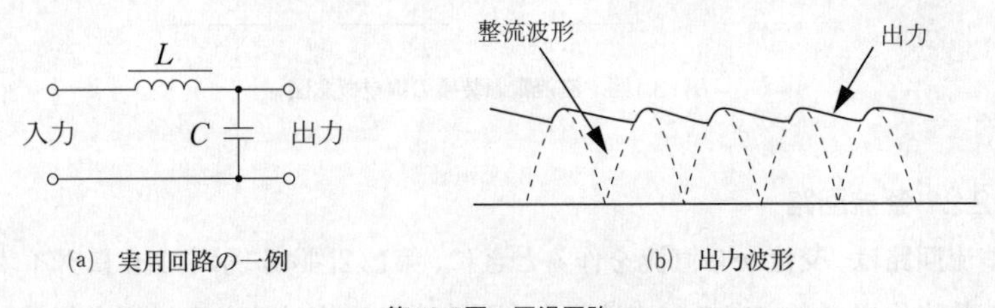

(a) 実用回路の一例　(b) 出力波形

第13.3図　平滑回路

13.3　電池

13.3.1　概要と種類

乾電池のように電気的エネルギーを使い終わると充電できない電池を一次電池という。一方、充電すると繰り返し使用できるものを二次電池という。二次電池は蓄電池（バッテリ）とも呼ばれている。

一般に、電池は金属と電解液との間で起きる化学変化を利用して電気エネルギーを得るもので、多くの種類があり用途により使い分けられている。小型で高性能のリチウムイオン二次電池やニッケル水素二次電池が新しく開発されたので、ニッケルカドミウム電池（ニッカド）は、使用されることが少なくなっている。

第13.1表　電池の種類

<table>
<tr><td rowspan="6">化学電池</td><td rowspan="3">一次電池</td><td>マンガン電池
アルカリマンガン電池</td><td>乾電池</td></tr>
<tr><td>リチウム電池</td><td></td></tr>
<tr><td>アルカリボタン電池
酸化銀電池
空気（亜鉛）電池</td><td>ボタン電池</td></tr>
<tr><td rowspan="2">二次電池</td><td>ニッケルカドミウム電池
ニッケル水素電池
リチウムイオン電池
小型鉛電池</td><td>小形二次電池</td></tr>
<tr><td colspan="2">鉛蓄電池</td></tr>
<tr><td colspan="3">燃料電池</td></tr>
<tr><td colspan="2">物理電池</td><td colspan="2">太陽電池</td></tr>
</table>

13.3.2　鉛蓄電池

(1)　概要

鉛蓄電池は、第13.4図に示すように希硫酸の電解液、二酸化鉛、鉛、隔離板などで構成され、電極間に発生する起電力は約2〔V〕である。

このユニットを6個直列に接続して12〔V〕としたものが多く使用されている。なお、無線局では取り扱いが簡単で電解液の補給が不要であるシール

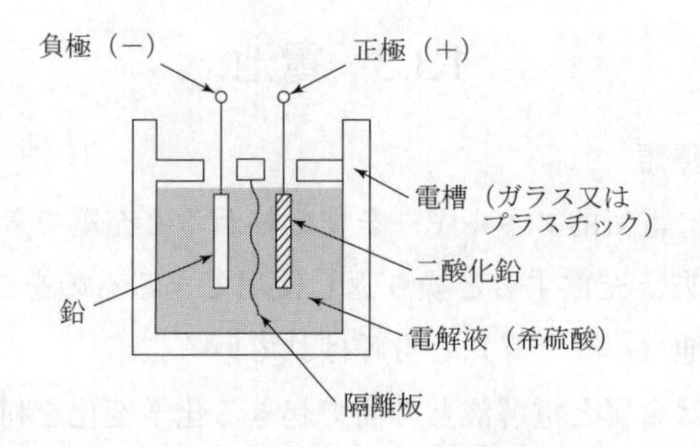

第13.4図　鉛蓄電池の構造概念図

鉛蓄電池（メンテナンスフリー電池）を備えることが多い。

(2)　取扱方法と充放電

鉛蓄電池を取り扱う際の注意事項は次のとおりである。

①　放電後は直ちに充電完了状態に回復させること。

②　全く使用しないときでも、月に1回程度は充電すること。

③　充電は規定電流で規定時間行うこと。

13.3.3　リチウムイオン電池

(1)　概要

リチウムイオン電池は小型で取扱いが簡単なことから携帯型のトランシーバ、携帯電話、無線局の非常用電源、ノート型パソコンなどで広く用いられている。

リチウムイオン電池は、正極に繋がるコバルト酸リチウム、負極に繋がる黒鉛を用いている。電解液はリチウム塩を溶質とした溶液である。1ユニットの電圧は3.7〔V〕でニッケルカドミウム電池や鉛蓄電池より高く、メモリー効果がなく継ぎ足し充電が可能である。更に、エネルギー密度が高い特徴をもっている。

(2)　取扱方法と充放電

リチウムイオン電池は金属に対する腐食性の強い電解液を用いており、発火、発熱、破裂の可能性があるので製造会社の取扱説明書に従って取り扱う必要がある。主な注意点は次のとおりである。

①　電池をショート（短絡）させないこと。

②　火の中に入れないこと。

③　直接ハンダ付けをしないこと。

④　高温や多湿状態で使用しないこと。

⑤　逆接続しないこと。

⑥　充電は規定電流で規定時間行うこと。

⑦　過充電、過放電をしないこと。

13.3.4　容量

一般に、電池の容量は、一定の電流値〔A〕で放電させたときに放電終止電圧になるまで放電できる電気量のことである。この一定の放電電流〔A〕と放電終止電圧になるまでの時間〔h〕の積をアンペア時容量と呼び時間率で示される。

例えば、完全に充電された状態の100〔Ah〕の電池の場合、10時間率で示される電池から取り出せる容量の目安となる電流値は、およそ10〔A〕である。なお、時間率として、3時間率、5時間率、10時間率、20時間率などが用いられている。

同じ容量の電池であっても大電流で放電すると取り出し得る容量は小さくなる。

13.3.5　電池の接続方法

電池の接続方法には第13.5図に示すような直列接続と第13.6図に示すような並列接続がある。

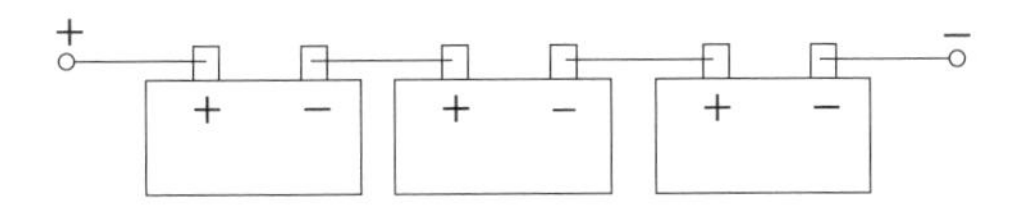

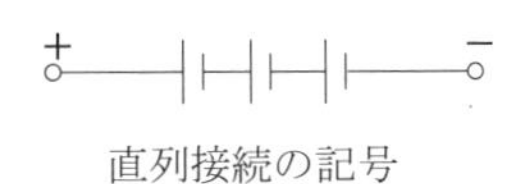

直列接続の記号

第13.5図　直列接続

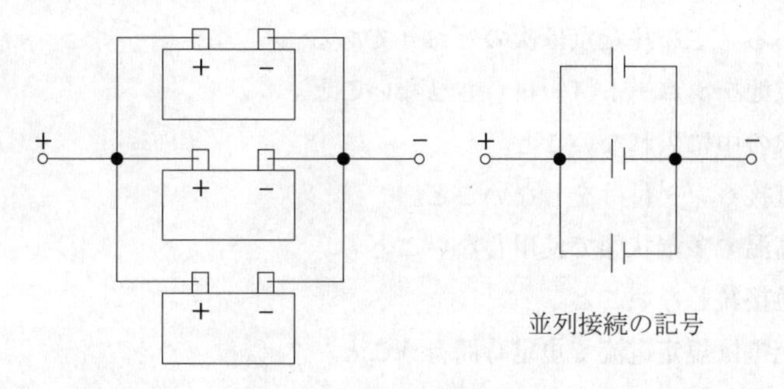

第13.6図　並列接続

⑴　直列接続

直列接続した場合の合成電圧は、各電池電圧の和となる。しかし、合成容量は1個の場合と同じである。例えば、1個12〔V〕、10〔Ah〕の電池を3個直列に接続すると、次のようになる。

合成電圧＝12＋12＋12＝36〔V〕

合成容量＝10〔Ah〕

直列接続は高い電圧が必要なときに用いられるが、規格が違う電池や同じ規格の電池であっても充電の状態や経年劣化の状態が異なる電池を直列接続することは、避けるべきである。

⑵　並列接続

並列接続した場合の合成電圧は、1個の場合と同じである。しかし、合成容量は各電池容量の和となる。例えば、1個12〔V〕、10〔Ah〕の電池を3個並列に接続すると、

合成電圧＝12〔V〕

合成容量＝10＋10＋10＝30〔Ah〕

となり、大電流が必要な場合や長時間使用する場合に用いられる。ただし、注意点として、電圧の異なる電池を並列接続してはならない。また、同じ規格の電池であっても、充電の状態や経年劣化の状態が異なる電池を並列接続することは好ましくない。

13.4　浮動充電方式

浮動充電方式は、第13.7図に示すように直流を無線通信装置などに供給しながら同時に少電流で蓄電池を充電し、停電時には電池から必要な電力を供給するものである。更にこの方式は、負荷電流が一時的に大きくなったときに、直流電源と電池の両方で負担されるので負荷の変動に強い電源である。

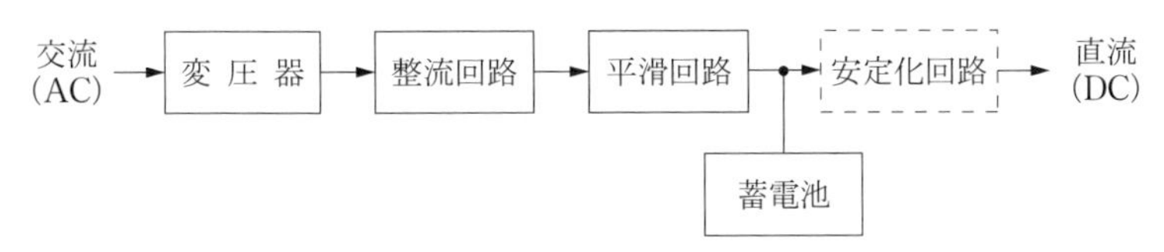

第13.7図　浮動充電方式

13.5　保護装置

電源の異常は､無線装置の故障や過熱による発火の要因になり危険である。電源装置には、異常電圧や過電流（設計値を超える大きな電流）が生じると出力を自動的に遮断する保護回路、ブレーカ、ヒューズなどが取り付けられている。

第14章　測定

14.1　概要

無線通信装置の機能確認や電波法に基づく無線局の検査は、精度が保証された適切な測定器を用いて行われる。測定器には多くの種類があり用途に応じて使い分けられている。例えば、電圧計や電流計には直流（DC）用と交流（AC）用がある。更に、測定器には使用可能な範囲（電圧、電流、周波数など）がある。加えて、測定器を接続することで、被測定回路や装置が影響を受けない方法で測定しなければならない。

誤った測定法は、誤差を生むだけでなく無線通信装置や測定器を壊す可能性がある。また、測定者も危険であるので、測定器の正しい使用法を習得することが求められる。

14.2　指示計器と図記号

電池や整流器の電圧、電流、トランジスタの電圧、電流、アンテナの電流などを測定し、それらが正常な動作状態にあるかどうかを調べるには指示計器（メータ）が必要である。

主な指示計器の種類及びその図記号は次のとおりで、測定する電流、電圧の区別のほか、測定する量に見合った計器を使用しなければならない。

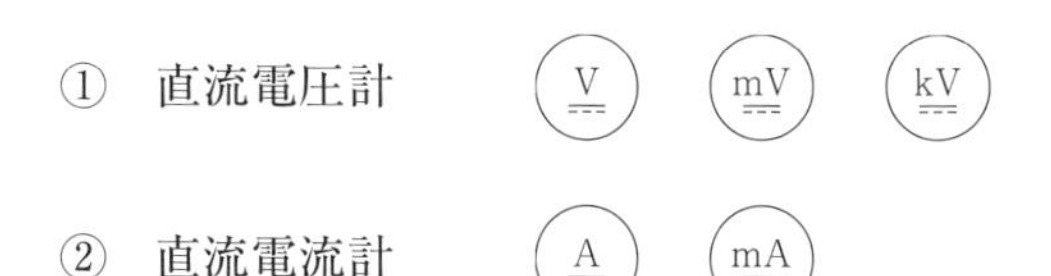

メ モ

③　交流電圧計　V　mV

④　高周波電流計　A　mA

14.3　測定と取扱説明書

定例的な保守点検業務における測定は、無線通信装置の取扱説明書（マニュアル）や無線局の整備基準書などに従って実施されることが多い。取扱説明書に記載されている項目の一例を紹介する。

①　諸注意や危険性、安全措置の実施方法
②　定期的に実施すべき測定項目
③　必要な測定器の種類と規格
④　測定方法
⑤　測定を行う時期
⑥　測定結果に対する許容範囲

14.4　測定器の種類及び構造

14.4.1　概要

無線局の保守点検は、性能や特性を定量的に測ることができる測定器を用いて行われる。ここでは、電圧や電流及び抵抗値などを測定できる多機能なデジタルマルチメータ、送信機の出力電力を測定するときに用いられる高周波電力計、周波数が正確な信号を正確な信号レベルで提供する標準信号発生器について簡単に述べる。

14.4.2　デジタルマルチメータ

(1)　概要

デジタルマルチメータは、極めて測定精度が良く、更に測定結果がデジタル表示されるため、測定者による読み取り誤差がなく、機能と範囲を選択することで直流電圧、直流電流、交流電圧、抵抗値、周波数（上限1～2〔MHz〕程度）、コンデンサの容量などが測れる多機能な測定器である。

(2)　構成

デジタルマルチメータは、第14.1図に示す構成概念図のように入力変換部とデジタル直流電圧計などから成る。

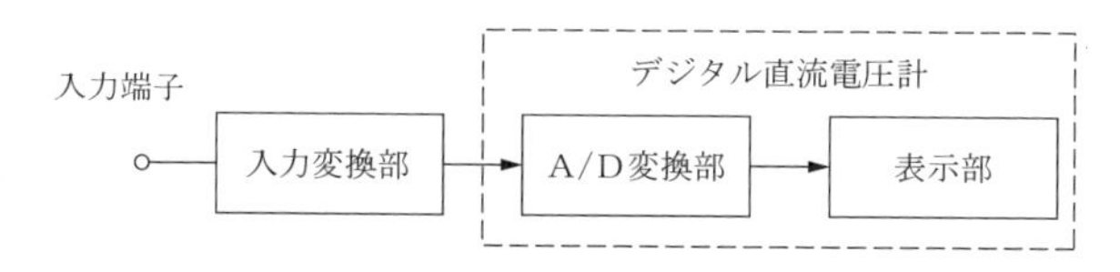

第14.1図　デジタルマルチメータの構成概念図

携帯型デジタルマルチメータの一例を写真14.1に示す。

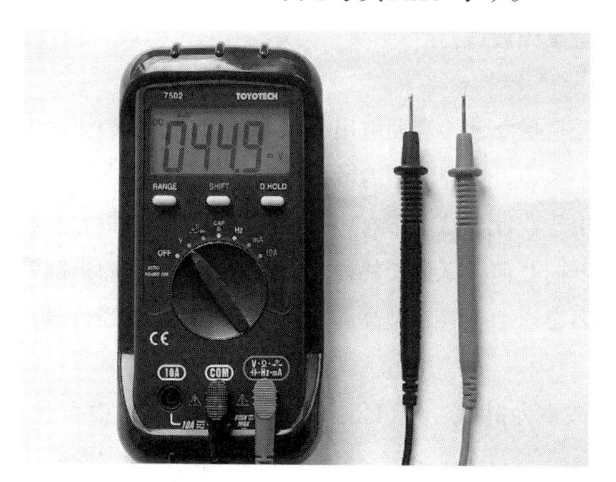

写真14.1　携帯型デジタルマルチメータの一例

(3)　動作の概要

電圧、電流、抵抗値などは入力変換部で、その大きさに比例した直流電圧に変換され、デジタル直流電圧計に加えられる。デジタル直流電圧計は、この直流電圧をA/D変換部でデジタル信号に変換し、表示部で計測結果をデジタル表示する。

(4) 取扱上の注意点

デジタルマルチメータを取り扱う際に注意すべき主な点は、次のとおりである。

① 適切な機能と測定範囲を正しく選択すること。

② テストリード（テスト棒）の正（プラス）と負（マイナスまたは共通）を正しく被測定物に接続すること。

③ 強電磁界を発生する装置の近傍では、指示値が不安定になることがあるので、それより離して測ること。

④ テストリード（テスト棒）を被測定回路に接続した状態で機能や測定範囲のスイッチを操作しないこと。

⑤ 使用後はスイッチをOFFにすること。

14.4.3 終端型高周波電力計

(1) 概要

送信機や送受信機などの高周波出力電力を測定するのに高周波電力計が用いられることが多い。高周波電力計には多くの種類があり、用途に応じて適切なものを使用しなければならない。ここでは、送信電力を送信機の出力インピーダンスと同じ値の抵抗で終端して消費させ、その抵抗の両端に発生する電圧から電力を求める終端型高周波電力計について述べる。

(2) 構成

終端型高周波電力計は、第14.2図に示す構成概念図のように終端抵抗R、高周波用ダイオードD、コンデンサC、直流電圧計などから成る。また、終端型高周波電力計の一例を写真14.2に示す。

(3) 動作の概要

入力端子に加えられた高周波信号は、電力計の適合インピーダンスと同じ

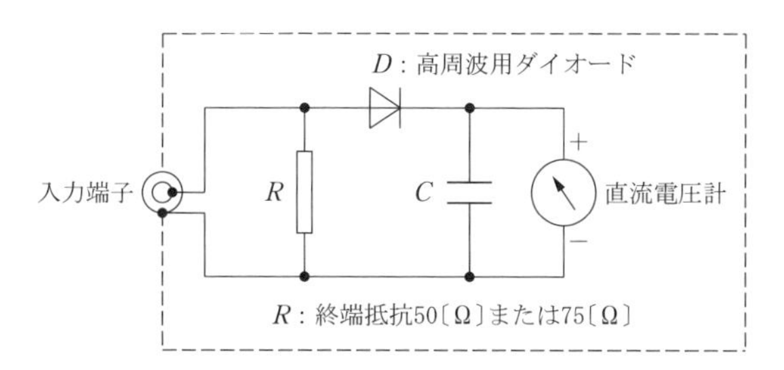

第14.2図　終端型高周波電力計の構成概念図

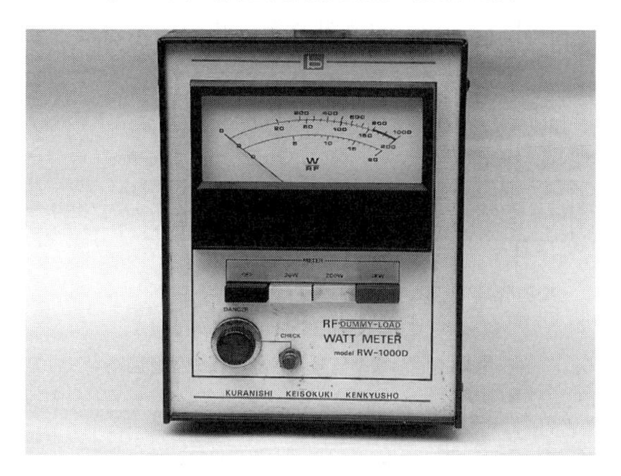

写真14.2　終端型高周波電力計の一例

値の高周波特性の優れた無誘導抵抗の50〔Ω〕または75〔Ω〕で電力消費される。その際、抵抗Rの両端には入力端子に加えられた高周波電力に比例する高周波電圧が生じる。この高周波電圧を高周波用ダイオードDとコンデンサCで直流に変えて直流電圧計で測ることで高周波電力を測定するものである。

(4)　取扱上の注意点

終端型高周波電力計を取り扱う際に注意する主な点は、次のとおりである。

①　送信機に適合するインピーダンスのものを用いること。

②　最大許容電力を超えないこと。

③　規格の周波数範囲内で用いること。

14.4.4　標準信号発生器

⑴　概要

標準信号発生器は、周波数が正確な信号を正確な信号レベルで提供するもので、受信機の感度測定、送受信機の調整や故障修理、各種回路の調整などに用いられる測定器である。

⑵　構成

標準信号発生器は、第14.3図に示す構成概念図のように信号発生部、高周波増幅器、自動利得制御回路、可変減衰器、出力指示器などから成る。

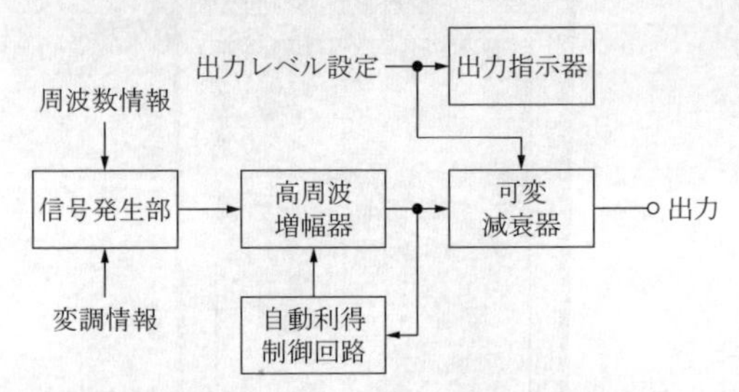

第14.3図　標準信号発生器の構成概念図

標準信号発生器の一例を写真14.3に示す。

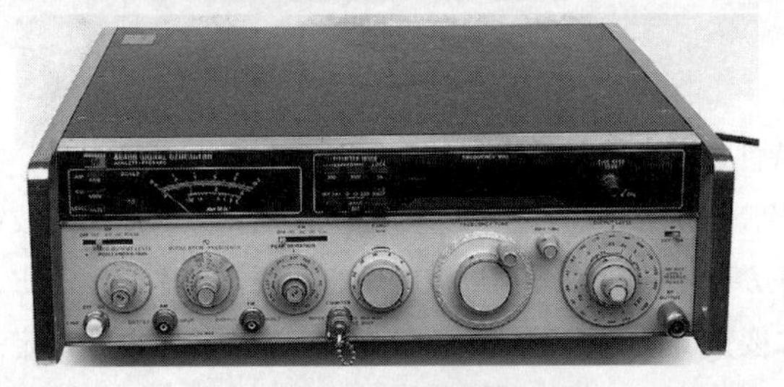

写真14.3　標準信号発生器の一例

⑶　動作の概要

信号発生部は、周波数が正確な信号の発生及びAM/FMやデジタル変調を行う役割を担っている。信号発生部で生成された高周波信号は、高周波増幅器で規格の電力値に増幅され、減衰量を可変できる精度の高い減衰器に加えられる。そして、減衰量を変えることで極めて正確な所望レベルの信号として出力される。なお、自動利得制御回路は、高周波増幅器の出力レベルを広い周波数範囲で一定にする働きを担う。

⑷　取扱上の注意点

標準信号発生器を取り扱う際に注意する主な点は、次のとおりである。

① 被測定装置に適合する出力インピーダンスのものを用いること。

② 規格の周波数範囲内で使用すること。

③ 出力端子に送信機などから過大な高周波電力を加えないこと。

④ 適切なウォームアップ時間を与えること。

14.5　測定法

14.5.1　概要

無線局の保守点検における測定に際しては、精度が保証された測定器を正しく使用しなければならない。ここでは、電圧、電流、高周波電力、周波数、スプリアス、SWRの測定方法について簡単に述べる。

14.5.2　DC電圧の測定

デジタルマルチメータを用いてDC電圧を測定する場合は、デジタルマルチメータの機能切換スイッチをDC電圧にし、第14.4図に示すように被測定物に対して並列に接続する。DC電圧計として使用する場合は、プラスとマ

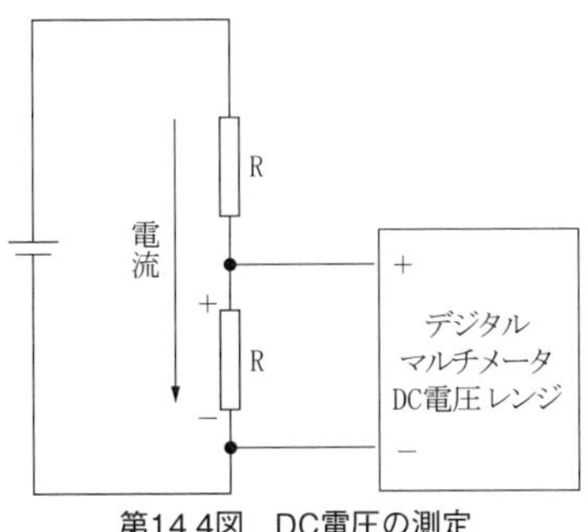

第14.4図　DC電圧の測定

イナスの極性があるので極性を確認し、正しく接続しなければならない。

14.5.3　AC電圧の測定

デジタルマルチメータを用いてAC電圧を測定する場合は、デジタルマルチメータの機能切換スイッチをAC電圧にし、第14.5図に示すように被測定物に対して並列に接続する。なお、AC電圧の測定では、極性の確認は不要である。

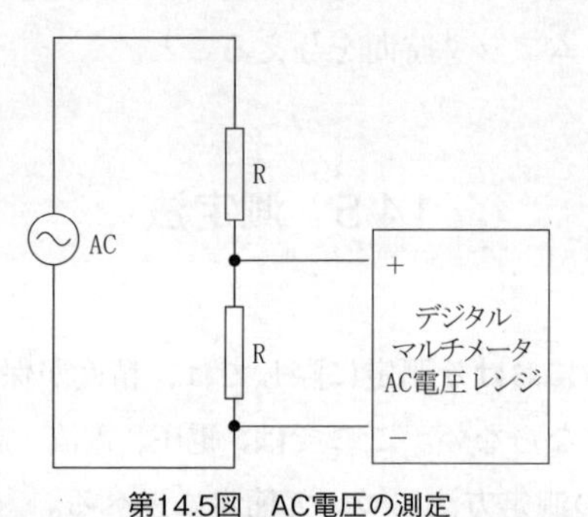

第14.5図　AC電圧の測定

14.5.4　DC電流の測定

デジタルマルチメータを用いてDC電流を測定する場合は、デジタルマルチメータの機能切換スイッチをDC電流にし、第14.6図に示すように被測定

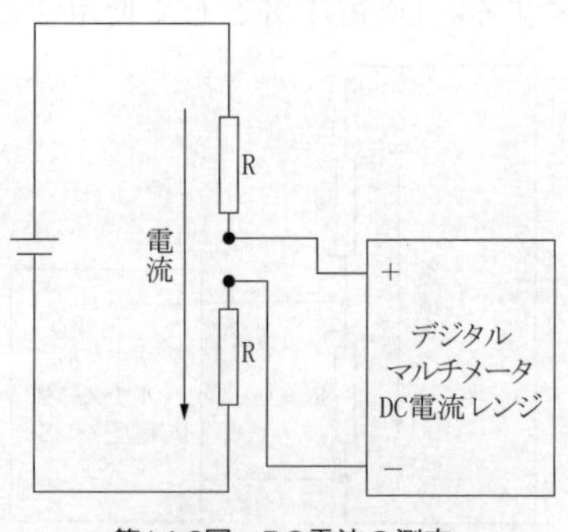

第14.6図　DC電流の測定

回路に直列に接続する。プラスとマイナスの極性があるので極性を確認し、正しく接続しなければならない。

14.5.5　AC電流の測定

デジタルマルチメータを用いてAC電流を測定する場合は、デジタルマルチメータの機能切換スイッチをAC電流にし、DC電流の測定の場合と同様に接続する。ただし、交流を計測する場合は、DC電流の測定の場合と違いテストリードのプラス・マイナスの区別は無い。

14.5.6　高周波電力の測定

送信機や送受信機の送信電力は、第14.7図に示すように送信出力を終端型高周波電力計に接続して測定される。終端型高周波電力計による送信電力の測定では、アンテナから電波を放射せずに測定することができる。

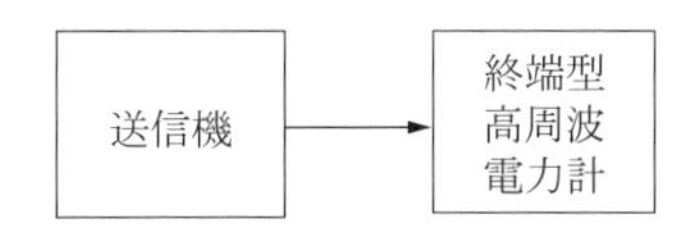

第14.7図　終端型高周波電力計による送信電力の測定

この測定では、送受信機の出力インピーダンスと同じインピーダンスの終端型高周波電力計を用いる必要がある。

14.5.7　周波数の測定

送信機や送受信機の出力周波数は、第14.8図に示すようにダミーロード（擬似負荷）を兼ねる減衰器を介して接続された周波数カウンタで計測される。なお、周波数カウンタは、一定時間内に被測定信号の波の数を計測し、周波数としてデジタル表示するものである。

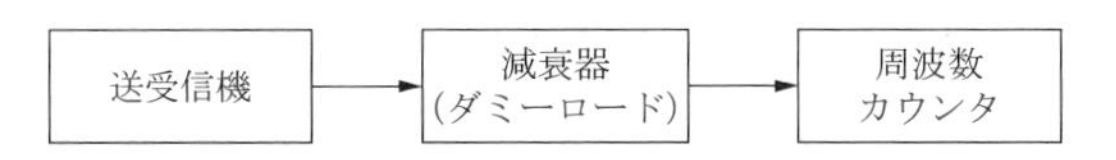

第14.8図　周波数カウンタによる送信周波数の測定

周波数カウンタの一例を写真14.4に示す。なお、周波数カウンタを使用する場合は、最大許容入力電力に注意し、測定開始前に適切なウォームアップ時間を与える必要がある。

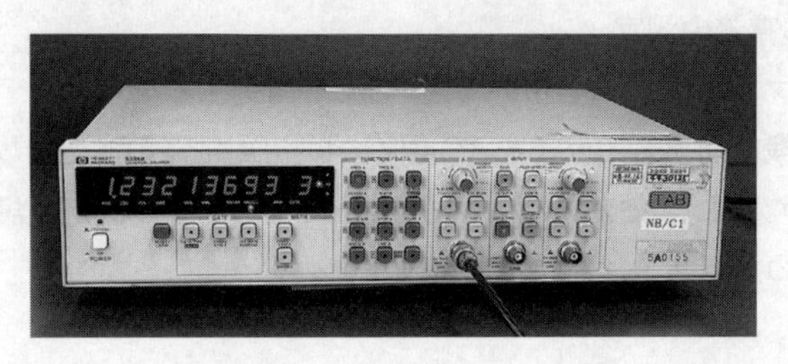

写真14.4　周波数カウンタ

14.5.8　スプリアスの測定

送信機や送受信機の出力に含まれるスプリアス成分は、第14.9図に示すように送信機の出力をダミーロード（擬似負荷）を兼ねる減衰器を介して接続されたスペクトルアナライザで計測される。

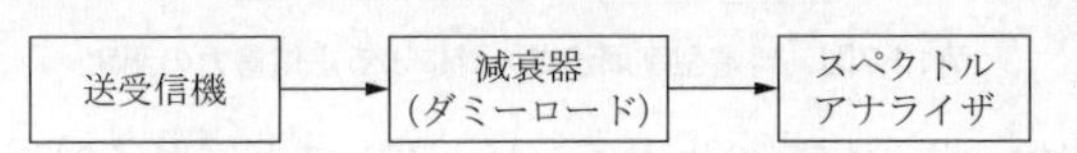

第14.9図　スペクトルアナライザによるスプリアスの測定

スペクトルアナライザは、一種の受信機であり、受信周波数を変化させ、液晶などの画面の縦軸を信号の強さ、横軸を周波数として表示するものである。

第14.10図にスプリアス測定の結果の一例を示す。この例では、基本波の120〔MHz〕の信号に対して、第2～4高調波と周波数シンセサイザによるスプリアスが計測されている。

スペクトルアナライザの使用に際しては、最大許容入力電力を超えないように注意し、周波数範囲と適切な分解能を選択することが大切である。

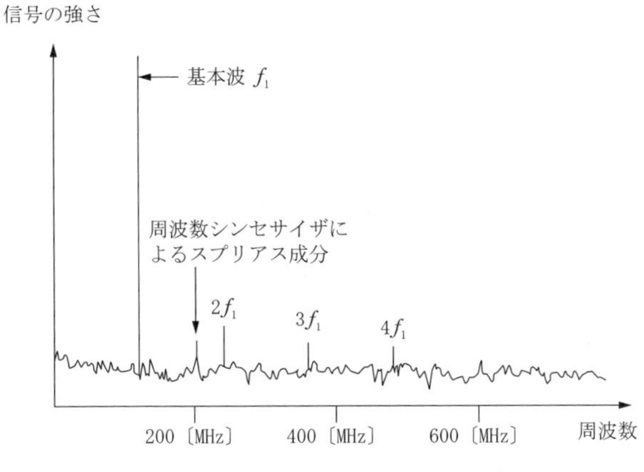

第14.10図　スプリアス測定結果の一例

14.5.9　SWRの測定

給電線が同軸ケーブルの場合の定在波比（SWR）の測定は、第14.11図に示すように送信機や送受信機の高周波出力端子と給電線の同軸ケーブルの間に進行波電力と反射波電力が測定できる通過型高周波電力計を挿入して行う。通過型高周波電力計の一例を写真14.5に示す。

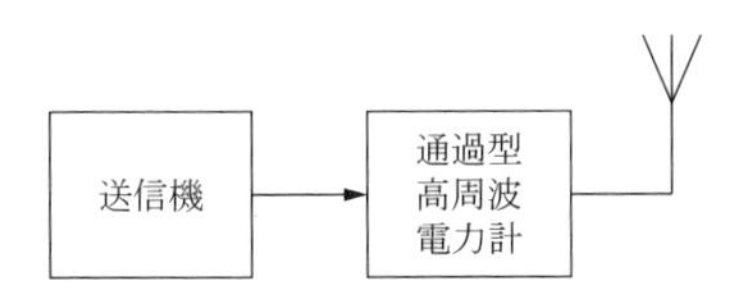

第14.11図　通過型高周波電力計の接続

定在波比Sは、進行波電力P_fと反射波電力P_rを測り、次の計算式で求める。

$$S=\frac{\sqrt{P_f}+\sqrt{P_r}}{\sqrt{P_f}-\sqrt{P_r}}$$

なお、通過型高周波電力計には、特性インピーダンスが50〔Ω〕と75〔Ω〕の２種類があるので、同軸ケーブルの特性インピーダンスに適合する型を用いなければならない。

写真14.5　通過型高周波電力計の一例

第15章　点検及び保守

15.1　概要

無線局の設備は、電波法の技術基準などに合致し、不適切な電波の発射などにより無線通信に妨害を与えることがないよう適切に維持管理されなければならない。定例検査に加えて日常の状態を常に把握し、定常状態との違いなどから異常を察知することが求められる。

無線局の保守管理業務で大切なことは、不具合の発生を予防し故障を未然に防ぐことである。具体的には、日、週、１か月、３か月、６か月、12か月点検など、決められた時期に決められた項目を確実かつ適切に実施することが大切である。

不具合や異常が生じた場合は、その内容を業務日誌などに記録すると共に整備担当者や保守を担当する会社などに連絡し、修理を依頼する。

15.2　空中線系統の点検

風雨にさらされるアンテナや給電線は、経年劣化が顕著に出やすい部分である。給電部分の防水処理や同軸ケーブルの被覆の亀裂などを目視検査することも故障を予防する上で大切である。高い所に取り付けられているアンテナの目視検査には、双眼鏡などの使用も有効である。また、日常の運用状態を常に掴んでおくことも大切である。例えば、同軸コネクタの接続状態が悪い場合、受信雑音の増加や通信距離が短くなることなどで異常を察知できる。なお、この場合にSWRを測定すると異常値を示すことが多い。

アンテナや給電線の保守点検を実施する場合は、高所作業（地上高２m以上）になるので墜落制止用器具（安全帯）やヘルメットの着用が必要であり、２名による作業が基本である。

メ モ ――――――――――――――――――――

15.3　電源系統の点検

電源では安定化回路の電力用トランジスタの放熱処理が信頼性に影響を与えるので、冷却部の動作確認と防塵フィルタの洗浄を定期的に実施し、温度上昇を防ぐことが故障を予防する上で重要である。

機器が正常に動作している場合でもヒューズの劣化によってヒューズが切れることがある。この場合には、ヒューズを取り替えれば元に戻るが、取り替えるヒューズは、メーカの保守部品として納入された純正品、または、同等であることが確認されたものを使用しなければならない。特に、規格値の大きいヒューズを挿入した場合は、過電流が流れてもヒューズが飛ばない（切れない）ので部品などが加熱され、発火する恐れがあり非常に危険である。

15.4　送受信機系統の点検

無線通信装置において中心的な役割を担う送受信機は、電波の質に影響を与える重要な機能を備えているので、適切に維持管理される必要がある。電

波法で定める電波の質に合致しない電波の発射は、他の無線通信に妨害を与える可能性がある。社会的に重要な無線局などの設備は、電波法に基づき定期検査が行われることになっている。

発射する電波の質を適切に維持管理することは当然として、故障や不具合の発生を防ぐことが重要である。例えば、各装置に取り付けられている冷却用ファンの動作確認と防塵フィルタの洗浄を定期的に実施し、装置の温度上昇を防ぐことは、故障率を下げるのに有効である。

平成24年１月20日　初版第１刷発行
令和６年４月１日　７版第１刷発行

第二級陸上特殊無線技士

無　線　工　学

（電略　コオ２）

編集・発行　一般財団法人 情報通信振興会
郵便番号 170-8480
東京都豊島区駒込２－３－10
販売 電話 ０３（３９４０）３９５１
編集 電話 ０３（３９４０）８９００
URL https://www.dsk.or.jp/
振替口座 ００１００－９－１９９１８
印刷所 船舶印刷株式会社

ISBN978-4-8076-0993-2 C3055 ¥1400E